南海深海及岛礁鱼类耳石图谱

陈作志　江艳娥　张　俊　龚玉艳　编著

海洋出版社

2016年·北京

内容简介

本书系南海渔业资源耳石图谱的第一辑。书中共记述了南海深海及岛礁区域鱼类共 223 种，分隶 16 目，79 科，151 属。

本书是近年来南海大洋性深海及岛礁鱼类调查研究的重要成果，是中国迄今为止记述深海及岛礁鱼类，特别是深海中层鱼耳石较完整的基础资料之一。可供国内外鱼类学家、水产学家、海洋学工作者以及水产院校、综合性大学相关专业师生参考。

图书在版编目(CIP)数据

南海深海及岛礁鱼类耳石图谱 / 陈作志等编著. —
北京：海洋出版社，2016.1
　ISBN 978-7-5027-9307-4

Ⅰ.①南… Ⅱ.①陈… Ⅲ.①南海－鱼类－耳石－图谱 Ⅳ.①Q959.400.4-64

中国版本图书馆CIP数据核字(2015)第297827号

责任编辑：杨　明
责任印制：赵麟苏

海洋出版社 出版发行
http://www.oceanpress.com.cn
北京市海淀区大慧寺路 8 号　　邮编：100081
北京朝阳印刷厂有限责任公司印刷　　新华书店北京发行所经销
2016年1月第1版　　2016年1月第1次印刷
开本：880mm×1230mm　1/16　印张：15
字数：45千字　定价：160.00元
发行部：62132549　邮购部：68038093　总编室：62114335
海洋版图书印、装错误可随时退换

南海深海及岛礁鱼类耳石图谱

编委会人员

陈作志　江艳娥　张　俊　龚玉艳　邱永松

梁沛文　范江涛　张　魁　李玉芳　孔啸兰

刘维达　张　鹏　许友伟　李　敏　蔡研聪

前 言

南海是中国最大的陆缘海，总面积约 350 万 km^2，平均水深 1 212m。辽阔的海域、适宜的气候、多样化的生态环境，孕育出种类丰富、储量巨大、适应性极强的南海渔业生物资源，被视为深海和热带生物多样性的全球中心之一，其中以岛礁和深海鱼类资源最具特色。南海的岛礁鱼类资源主要栖息于南沙、西沙、中沙和东沙群岛的珊瑚礁海域，具有很高的经济、生态价值。近年来，中国对南海岛礁渔业资源及生物多样性研究较多，开展了多次大规模的专业调查，基本掌握了南海珊瑚礁鱼类资源种类组成、数量分布、资源状况及开发潜力等。

深海渔业资源，尤其是深海中层鱼（mesopelagic fishes）是指栖息在外海开阔海域 200～1 000m 水层的小型游泳动物，这些生物类群一般体型小，寿命短，资源量巨大，大多数种类具有"昼潜夜浮"的生态习性，在海洋生态系统能量流动和转换中起着重要的作用。囿于考察手段和技术的限制，中国对深海鱼类资源的考察和研究起步较晚，尤其是专门的深海鱼类调查直到 20 世纪 70 年代末期才陆续开展起来，目前的研究报道多集中形态描述及分类等，而有关其生物学及生态学的研究尚未见系统开展。耳石技术的发展，给我们开展深海生物资源研究工作提供了一个良好的技术手段。

鱼类的耳石主要是指存在于大部分硬骨鱼类内耳膜迷路内的石灰质结构，是生物矿化作用所形成的一种霰石结晶，主要化学成分为碳酸钙（$CaCO_3$）。鱼类的耳石形态具有高度的物种特异性和显著的群体特异性，在鱼种鉴别及鱼类生态学研究方面具有重要的研究价值。目前，海洋鱼类耳石的相关研究多见于近海鱼类，有关深海及岛礁鱼类耳石的形态研究尚未见报道。

为较全面了解南海渔业资源和区系特征，给科研、教学和渔业生产提供有益资料，自2012年以来，我们承担了国家重点基础研究发展计划和农业部财政专项，对南海，尤其是深海及岛礁鱼类进行多次调查，采集了大量的生物标本，并拍摄了耳石照片，目前，我们先就"南海深海及岛礁鱼类耳石图谱"部分系统整理编著成书，祈望对中国深海生物资源科研和开发有所裨益。

本书是国家重点基础研究发展计划（"973"计划）（2014CB441505）和农业部财政专项（NFZX2013）的阶段性研究成果。在耳石拍照过程中，得到华南农业大学周章亮、戴嘉格、汪琦及广东海洋大学邓中宁、蔡远群、杨玉滔、詹凤娉等同学的热情帮助，在此深表谢意。并对所有参与现场调查、样品采集的人们和支持这一工作的各级领导部门表示衷心感谢。由于编者水平和时间所限，本书遗误之处在所难免，诚请读者批评指正。

编　者

2015年11月18日

目 录

灯笼鱼目 Myctophiformes
    狗母鱼科 Synodontidae
        叉斑狗母鱼 *Synodus macrops* Tanaka, 1917 ······ 1
        杂斑狗母鱼 *Synodus variegatus* (Lacepède, 1803) ······ 2
    青眼鱼科 Chlorophthalmidae
        隆背青眼鱼 *Chlorophthalmus acutifrons* Hiyama, 1940 ······ 3
    灯笼鱼科 Myctophidae
        近壮灯鱼 *Hygophum proximum* Becker, 1965 ······ 4
        黑壮灯鱼 *Hygophum atratum* (Garman, 1899) ······ 5
        朗明灯鱼 *Diogenichthys laternatus* (Garman, 1899) ······ 6
        七星底灯鱼 *Benthosema pterotum* (Alcock, 1890) ······ 7
        高体电灯鱼 *Electrona risso* (Cocco, 1829) ······ 8
        粗短灯笼鱼 *Myctophum selenops* Tåning, 1928 ······ 9
        粗鳞灯笼鱼 *Myctophum asperum* Richardson, 1845 ······ 10
        短颌灯笼鱼 *Myctophum brachygnathum* (Bleeker, 1856) ······ 11
        钝吻灯笼鱼 *Myctophum obtusirostre* Tåning, 1928 ······ 12
        金焰灯笼鱼 *Myctophum aurolaternatum* Garman, 1899 ······ 13
        闪光灯笼鱼 *Myctophum nitidulum* Garman, 1899 ······ 14
        光彩标灯鱼 *Symbolophorus evermanni* (Gilbert, 1905) ······ 15
        巴氏眶灯鱼 *Diaphus parri* Tåning, 1928 ······ 16
        短距眶灯鱼 *Diaphus mollis* Tåning, 1928 ······ 17
        菲氏眶灯鱼 *Diaphus phillipis* Fowler, 1934 ······ 18
        符氏眶灯鱼 *Diaphus fragilis* Tåning, 1928 ······ 19
        高体眶灯鱼 *Diaphus metopoclampus* (Cocco, 1829) ······ 20
        冠冕眶灯鱼 *Diaphus diademophilus* Nafpaktitus, 1978 ······ 21
        华丽眶灯鱼 *Diaphus perspicillatus* (Ogilby, 1898) ······ 22
        金鼻眶灯鱼 *Diaphus chrysorhynchus* Gilbert et Cramer, 1897 ······ 23
        喀氏眶灯鱼 *Diaphus garmani* Gilbert, 1906 ······ 24
        李氏眶灯鱼 *Diaphus richardsoni* Tåning, 1932 ······ 25

吕氏眶灯鱼 *Diaphus luetkeni* (Brauer, 1904) ·· 26
莫名眶灯鱼 *Diaphus problematicus* Parr, 1928 ··· 27
翘光眶灯鱼 *Diaphus regani* Tåning, 1932 ·· 28
天蓝眶灯鱼 *Diaphus coeruleus* (Klunzinger, 1871) ··· 29
条带眶灯鱼 *Diaphus brachycephalus* Tåning, 1928 ·· 30
瓦氏眶灯鱼 *Diaphus watasei* Jordan et Starks, 1904 ······································· 31
耀眼眶灯鱼 *Diaphus lucidus* (Goode et Bean, 1896) ······································· 32
闪光肩灯鱼 *Notoscopelus resplendens* (Richardson, 1845) ····························· 33
暗柄炬灯鱼 *Lampadena speculigera* Goode et Bean, 1896 ····························· 34
发光炬灯鱼 *Lampadena luminosa* (Garman, 1899) ··· 35
尾明角灯鱼 *Ceratoscopelus warmingii* (Lütken, 1892) ···································· 36
汤氏角灯鱼 *Ceratoscopelus townsendi* (Eigenmann et Eigenmann, 1889) ········· 37
大鳍珍灯鱼 *Lampanyctus macropterus* (Brauer, 1904) ··································· 38
黑色珍灯鱼 *Lampanyctus niger* (Günther, 1887) ·· 39
诺贝珍灯鱼 *Lampanyctus nobilis* Tåning, 1928 ·· 40
天纽珍灯鱼 *Lampanyctus tenuiformis* (Brauer, 1906) ····································· 41
喜庆珍灯鱼 *Lampanyctus festivus* Tåning, 1928 ··· 42
细斑珍灯鱼 *Lampanyctus alatus* Goode et Bean, 1896 ··································· 43
眶暗虹灯鱼 *Bolinichthys pyrsobolus* (Alcock, 1890) ······································ 44
长鳍虹灯鱼 *Bolinichthys longipes* (Brauer, 1906) ·· 45
短吻锦灯鱼 *Centrobranchus brevirostris* Becker, 1964 ··································· 46
牡锦灯鱼 *Centrobranchus andreae* (Lütken, 1892) ··· 47

舒蜥鱼科 Paralepididae
日本裸蜥鱼 *Lestrolepis japonica* Tanaka, 1908 ··· 48
大西洋大梭蜥鱼 *Paralepis atlantica* (Krøyer, 1868) ······································· 49

珠目鱼科 Scopelarchidae
柔珠目鱼 *Scopelarchus analis* (Brauer, 1902) ·· 50

齿口鱼科 Evermannellidae
谷蜥鱼 *Coccorella atrata* (Alcock, 1893) ·· 51
印度齿口鱼 *Evermannella indica* Brauer, 1906 ·· 52

鲸口鱼目 Cetomimiformes
龙氏鱼科 Rondeletiidae
网肩龙氏鱼 *Rondeletia loricata* Abe et Hotta, 1963 ·· 53

巨口鱼目 Stomiiformes

钻光鱼科 Gonostomatidae
长钻光鱼 *Sigmops elongates* (Günther, 1878) ·············· 54
钝吻缘光鱼 *Margrethia obtusirostra* Jespersen et Tåning, 1919 ·············· 55
条带多光鱼 *Diplophos taenia* Günther, 1873 ·············· 56

褶胸鱼科 Sternoptychidae
银斧鱼 *Argyropelecus hemigymnus* Cocco, 1829 ·············· 57
高银斧鱼 *Argyropelecus sladeni* Regan, 1908 ·············· 58
拟低褶胸鱼 *Sternoptyx pseudobscura* Baird, 1971 ·············· 59
低褶胸鱼 *Sternoptyx obscura* Garman, 1899 ·············· 60

巨口鱼科 Stomiidae
多指奇巨口鱼 *Aristostomias polydactylus* Regan et Trewavas, 1930 ·············· 61
东大西洋真巨口鱼 *Eustomias dendriticus* Regan et Trewavas, 1930 ·············· 62
歧须真巨口鱼 *Eustomias bifilis* Gibbs, 1960 ·············· 63
少纹黑巨口鱼 *Melanostomias pauciradius* Matsubara, 1938 ·············· 64
长须巨口鱼 *Stomias longibarbatus* (Brauer, 1902) ·············· 65
格氏光巨口鱼 *Photostomias guernei* Collett, 1889 ·············· 66
黑软颌鱼 *Malacosteus niger* Ayres, 1848 ·············· 67

黑巨口鱼科 Melanostomiatidae
明鳍袋巨口鱼 *Photonectes albipennis* (Döderlein, 1882) ·············· 68
黑鳍袋巨口鱼 *Photonectes margarita* (Goode et Bean, 1896) ·············· 69
厚巨口鱼 *Pachystomias microdon* (Günther, 1878) ·············· 70

星衫鱼科 Astronesthidae
蛇口异星衫鱼 *Heterophotus ophistoma* Regan et Trewavas, 1929 ·············· 71
丝球星衫鱼 *Astronesthes splendidus* Brauer, 1902 ·············· 72

光器鱼科 Phosichthyidae
卵圆颌光鱼 *Ichthyococcus ovatus* (Cocco, 1838) ·············· 73
农苏离光鱼 *Woodsia nonsuchae* (Beebe, 1932) ·············· 74

胡瓜鱼目 Osmeriformes

深海鲑科 Bathylagidae
黑渊鲑 *Melanolagus bericoides* (Borodin, 1929) ·············· 75

水珍鱼科 Argentinidae
半带水珍鱼 *Glossanodon semifasciatus* (Kishinouye, 1904) ·············· 76

小口兔鲑科 Microstomatidae
　　鄂霍茨克深海脂鲑 *Lipolagus ochotensis* (Schmidt, 1938)··········77
后肛鱼科 Opisthoproctidae
　　太平洋桶眼鱼 *Macropinna microstoma* Chapman, 1939··········78

鳗鲡目 Anguilliformes
海鳗科 Muraenesocidae
　　海鳗 *Muraenesox cinereus* (Forsskål, 1775)··········79
海鳝科 Muraenidae
　　云纹蛇鳝 *Echidna nebulosa* (Ahl, 1789)··········80
　　白缘裸胸鳝 *Gymnothorax albimarginatus* (Temminck et Schlegel, 1846)··········81
　　网纹裸胸鳝 *Gymnothorax reticularis* Bloch, 1795··········82

颌针鱼目 Beloniformes
飞鱼科 Exocoetidae
　　弓头燕鳐 *Cheilopogon arcticeps* (Günther, 1866)··········83
　　斑鳍燕鳐 *Cypselurus spilopterus* (Cuvier et Valenciennes, 1846)··········84

鳕形目 Gadiformes
深海鳕科 Moridae
　　灰小褐鳕 *Physiculus nigrescens* Smith et Radcliffe, 1912··········85
长尾鳕科 Macrouridae
　　宽头底尾鳕 *Bathygadus antrodes* (Jordan et Starks, 1904)··········86
　　多丝鼠鳕 *Gadomus multifilis* (Günther, 1887)··········87
犀鳕科 Bregmacerotidae
　　麦氏犀鳕 *Bregmaceros mcclellandi* Thompson, 1840··········88
　　日本犀鳕 *Bregmaceros japonicus* Tanaka, 1908··········89

鼬鳚目 Ophidiiformes
鼬鳚科 Ophidiidae
　　棘鼬鳚 *Hoplobrotula armata* (Temminck et Schlegel, 1846)··········90

金眼鲷目 Beryciformes
孔头鲷科 Melamphaidae
　　皮氏鳞孔鲷 *Scopelogadus beanii* (Günther, 1887)··········91

多鳞孔头鲷 *Melamphaes polylepis* Ebeling, 1962 ·················· 92

须鳂科 Polymixiidae
日本须鳂 *Polymixia japonica* Günther, 1877 ·················· 93

洞鳍鲷科 Diretmidae
银眼鲷 *Diretmus argenteus* Johnson, 1864 ·················· 94

金眼鲷科 Berycidae
掘氏棘金眼鲷 *Centroberyx druzhinini* (Busakhin, 1981) ·················· 95

金鳞鱼科 Holocentridae
沈氏骨鳞鱼 *Ostichthys Sheni* Chen, Shao et Mok, 1990 ·················· 96
康德锯鳞鱼 *Myripristis kuntee* Valenciennes, 1831 ·················· 97
莎姆新东洋金鳞鱼 *Neoniphon sammara* (Forsskål, 1775) ·················· 98
银新东洋鳂 *Neoniphon argenteus* (Valenciennes, 1831) ·················· 99
赤鳍棘鳞鱼 *Sargocentron tiere* (Cuvier, 1829) ·················· 100
角棘鳞鱼 *Sargocentron cornutum* (Bleeker, 1853) ·················· 101
黑鳍棘鳞鱼 *Sargocentron diadema* (Lacepède, 1802) ·················· 102
尖吻棘鳞鱼 *Sargocentron spiniferum* (Forsskål, 1775) ·················· 103
银带棘鳞鱼 *Sargocentron ittodai* (Jordan et Fowler, 1902) ·················· 104

松球鱼科 Monocentridae
日本松球鱼 *Monocentris japonica* (Houttuyn, 1782) ·················· 105

海鲂目 Zeiformes
海鲂科 Zeidae
小海鲂 *Zenion hololepis* (Goode et Bean, 1896) ·················· 106
雨印亚海鲂 *Zenopsis nebulosa* (Temminck et Schlegel, 1845) ·················· 107
似海鲂 *Cyttopsis rosens* (Lowe, 1843) ·················· 108

菱鲷科 Antigonidae
高菱鲷 *Antigonia capros* Lowe, 1843 ·················· 109
红菱鲷 *Antigonia rubescens* (Günther, 1860) ·················· 110

鲈形目 Perciformes
鮨科 Serranidae
侧斑赤鮨 *Chelidoperca pleurospilus* (Günther, 1880) ·················· 111
燕赤鮨 *Chelidoperca hirundinacea* (Valenciennes, 1831) ·················· 112
珠赤鮨 *Chelidoperca margaritifera* Weber, 1913 ·················· 113
姬鮨 *Tosana niwae* Smith et Pope, 1906 ·················· 114

日本尖牙鲈 *Synagrops japonicus* (Döderlein, 1883) ············ 115
腹棘尖牙鲈 *Synagrops philippinensis* (Günther, 1880) ············ 116
豹纹九棘鲈 *Cephalopholis leopardus* (Lacépède, 1801) ············ 117
尾纹九棘鲈 *Cephalopholis urodeta* (Forster, 1801) ············ 118
宝石石斑鱼 *Epinephelus areolatus* (Forsskål, 1775) ············ 119
蜂巢石斑鱼 *Epinephelus merra* Bloch, 1793 ············ 120
黑边石斑鱼 *Epinephelus fasciatus* (Forsskål, 1775) ············ 121

发光鲷科 Acropomidae
须软鱼 *Malakichthys barbatus* Yamanous & Toseda, 2001 ············ 122
日本发光鲷 *Acropoma japonicum* Günther, 1859 ············ 123

弱棘鱼科 Malacanthidae
短吻弱棘鱼 *Malacanthus brevirostris* Guichenot, 1848 ············ 124

鲹科 Carangidae
无斑圆鲹 *Decapterus kurroides* Bleeker, 1855 ············ 125
金带细鲹 *Selaroides leptolepis* (Cuvier, 1833) ············ 126
高体若鲹 *Carangoides equula* (Temminck et Schlegel, 1844) ············ 127

乌鲂科 Bramidae
日本乌鲂 *Brama japonica* Hilgendorf, 1878 ············ 128

笛鲷科 Lutjanidae
尖齿紫鱼 *Pristipomoides typus* Bleeker, 1852 ············ 129
黑背羽鳃笛鲷 *Macolor niger* (Forsskål, 1775) ············ 130
四带笛鲷 *Lutjanus kasmira* (Forsskål, 1775) ············ 131
单斑笛鲷 *Lutjanus monostigma* (Cuvier et Valenciennes, 1828) ············ 132
金带梅鲷 *Pterocaesio chrysozona* (Cuvier, 1830) ············ 133
画眉笛鲷 *Lutjanus vitta* (Quoy et Gaimard, 1824) ············ 134
绿短鳍笛鲷 *Aprion virescens* Valenciennes, 1830 ············ 135
黑带鳞鳍梅鲷 *Pterocaesio tile* (Cuvier, 1830) ············ 136

裸颊鲷科 Lethrinidae
红裸颊鲷 *Lethrinus rubrioperculatus* Sato, 1978 ············ 137
金带齿颌鲷 *Gnathodentex aureolineatus* (Lacépède, 1802) ············ 138

鲷科 Sparidae
黄牙鲷 *Dentex tumifrons* (Temminck et Schlegel, 1843) ············ 139

松鲷科 Lobotidae
松鲷 *Lobotes surinamensis* (Bloch, 1790) ············ 140

叉齿鱼科 Chiasmodontidae
    黑体拟灯鱼 *Pseudoscopelus scriptus* Lütken, 1892 ·················· 141

拟鲈科 Pinguipedidae
    四斑拟鲈 *Parapercis clathrata* Ogilby, 1910 ·················· 142
    多斑拟鲈 *Parapercis hexophthalma* (Cuvier, 1829) ·················· 143

蝴蝶鱼科 Chaetodontidae
    金口马夫鱼 *Heniochus chrysostomus* Cuvier, 1831 ·················· 144
    叉纹蝴蝶鱼 *Chaetodon rafflesii* Anonymous Bennett, 1830 ·················· 145
    朴蝴蝶鱼 *Chaetodon modestus* Temminck et Schlegel, 1844 ·················· 146
    耳纹蝴蝶鱼 *Chaetodon auripes* Jordan et Snyder, 1901 ·················· 147

帆鳍鱼科 Pentacerotidae
    帆鳍鱼 *Histiopterus typus* Temminck et Schlegel, 1844 ·················· 148

赤刀鱼科 Cepolidae
    背点棘赤刀鱼 *Acanthocepola limbata* (Valenciennes, 1835) ·················· 149
    赤刀鱼 *Cepola schlegeli* Bleeker, 1854 ·················· 150
    土佐欧氏螣 *Owstonia tosaensis* (Kamohara, 1934) ·················· 151

鳄齿鱼科 Champsodontidae
    弓背鳄齿鱼 *Champsodon atridorsalis* Ochiai et Nakamura, 1964 ·················· 152
    短鳄齿鱼 *Champsodon snyderi* Franz, 1910 ·················· 153

眶棘鲈科 Scolopsidae
    横带副眶棘鲈 *Parascolopsis inermis* (Temminck et Schlegel, 1843) ·················· 154
    蓝带眶棘鲈 *Scolopsis xenochroa* Günther, 1872 ·················· 155
    双线眶棘鲈 *Scolopsis bilineatus* (Bloch, 1793) ·················· 156
    日本副眶棘鲈 *Parascolopsis tosensis* (Kamohara, 1938) ·················· 157

石鲈科 Haemulidae
    纵带髭鲷 *Hapalogenys kishinouyei* Smith et Pope, 1906 ·················· 158
    横带髭鲷 *Hapalogenys analis* Richardson, 1845 ·················· 159

羊鱼科 Mullidae
    多带副鲱鲤 *Parupeneus multifasciatus* (Quoy et Gaimard, 1825) ·················· 160
    黑斑副鲱鲤 *Parupeneus pleurostigma* (Bennett, 1831) ·················· 161
    黄带副鲱鲤 *Parupeneus chrysopleuron* (Temminck et Schlegel, 1843) ·················· 162
    无斑拟羊鱼 *Mulloidichthys vanicolensis* (Cuvier et Valenciennes, 1831) ·················· 163

真鲈科 Percichthyidae
    深海拟野鲈 *Bathysphyraenops simplex* Parr, 1933 ·················· 164

鲳状鱼科 Bembropidae
  尾斑鲳状鱼 *Bembrops caudimacnla* Steindachner, 1876 ·············· 165
鲭鲈科 Scombrolabracidae
  鲭鲈 *Scombrolabrax heterolepis* Roule, 1921 ·············· 166
隆头鱼科 Labridae
  纵带海猪鱼 *Halichoeres hartzfeldi* (Bleeker, 1852) ·············· 167
  太平洋裸齿隆头鱼 *Decodon pacificus* (Kamohara, 1952) ·············· 168
  纵纹锦鱼 *Thalassoma quinquevittatus* (Lay et Bennett, 1839) ·············· 169
  单带尖唇鱼 *Oxycheilinus unifasciatus* (Streets, 1877) ·············· 170
  东方尖唇鱼 *Oxycheilinus orientalis* Günther, 1862 ·············· 171
  双线尖唇鱼 *Oxycheilinus digramma* (Lacepède, 1801) ·············· 172
  西里伯斯尖唇鱼 *Oxycheilinus celebicus* (Bleeker, 1853) ·············· 173
  横带唇鱼 *Cheilinus fasciatus* Bloch, 1791 ·············· 174
  三带连鳍唇鱼 *Xyrichtys trivittatus* (Randall et Cornish, 2000) ·············· 175
  露珠盔鱼 *Coris gaimard* (Quoy et Gaimard, 1824) ·············· 176
鹦嘴鱼科 Scaridae
  青点鹦嘴鱼 *Scarus ghobban* Forsskål, 1775 ·············· 177
刺尾鱼科 Acanthuridae
  颊吻鼻鱼 *Naso lituratus* (Forster, 1801) ·············· 178
带鱼科 Trichiuridae
  高鳍带鱼 *Trichiurus lepturus* Linnaeus, 1758 ·············· 179
蛇鲭科 Gempylidae
  短蛇鲭 *Rexea solandri* (Cuvier, 1832) ·············· 180
鲭科 Scombridae
  鲔 *Euthynnus affinis* (Cantor, 1849) ·············· 181
  鲣 *Katsuwonus pelamis* (Linnaeus, 1758) ·············· 182
  扁舵鲣 *Auxis thazard* (Lacepède, 1800) ·············· 183
  圆舵鲣 *Auxis rochei* (Risso, 1810) ·············· 184
  黄鳍金枪鱼 *Thunnus albacares* (Bonnaterre, 1788) ·············· 185
双鳍鲳科 Nomeidae
  琉璃玉鲳 *Psenes cyanophrys* Valenciennes, 1833 ·············· 186
  怀氏方头鲳 *Cubiceps whiteleggii* (Waite, 1894) ·············· 187
  少鳍方头鲳 *Cubiceps pauciradiatus* Günther, 1872 ·············· 188

鲉形目 Scorpaeniformes
鲉科 Scorpaenidae
百瑙鳞头鲉 *Parascorpaena aurita* (Rüppell, 1838) ······ 189
新棘鲉 *Neomerinthe procurva* Chen, 1981 ······ 190
钝吻新棘鲉 *Neomerinthe rotunda* Chen, 1981 ······ 191
长臂囊头鲉 *Setarches longimanus* (Alcock et McGrichrist, 1894) ······ 192
根室氏囊頭鲉 *Setarches guentheri* Johnson, 1862 ······ 193
布氏盔蓑鲉 *Ebosia bleekeri* (Döderlein, 1884) ······ 194
勒氏蓑鲉 *Pterois russelli* Benneu, 1831 ······ 195
触手冠海鲉 *Pontinus tentacularis* (Fowler, 1938) ······ 196
无鳔黑鲉 *Ectreposebastes imus* Garman, 1899 ······ 197

鲉科 Scorpaenidae
日本新鳞鲉 *Neocentropogon japonicus* Matsubara, 1943 ······ 198

红鲬科 Bembridae
红鲬 *Bembras japnicus* Cuvier, 1829 ······ 199

鲬科 Platycephalidae
大眼鲬 *Suggrundus meerdervoortii* (Bleeker, 1860) ······ 200

鲂鮄科 Triglidae
贡氏红娘鱼 *Lepidotrigla guentheri* Hilgendorf, 1879 ······ 201
大眼红娘鱼 *Lepidotrigla oglina* Fowler, 1938 ······ 202
尖棘角鲂鮄 *Pterygotrigla hemisticta* (Temminck et Schlegel, 1843) ······ 203
琉球角鲂鮄 *Pterygotrigla ryukyuensis* Matsubara et Hiyama, 1932 ······ 204

豹鲂鮄科 Dactylopteridae
单棘豹鲂鮄 *Dactyloptena peterseni* (Nyström, 1887) ······ 205

鲽形目 Pleuronectiformes
鲆科 Bothidae
北原氏左鲆 *Laeops kitakarae* (Smith et Pope, 1906) ······ 206
八斑土佐鲆 *Tosarhombus octoculatus* Amaoka, 1969 ······ 207

鲽科 Pleuronectidae
双斑瓦鲽 *Poecilopsetta plinthus* (Jordan et Starks, 1904) ······ 208

鳎科 Soleidae
褐斑栉鳞鳎 *Aseraggodes kobensis* (Steindachner, 1896) ······ 209
黑鳍舌鳎 *Cynoglossus nigropinnatus* Ochiai, 1963 ······ 210

鲀形目 Tetraodontiformes
鲀科 Tetraodontidae
暗鳍兔头鲀 *Lagocephalus gloveri* Abe et Tabeta, 1983 ·· 211
刺鲀科 Diodontidae
六斑刺鲀 *Diodon holocanthus* Linnaeus, 1758 ··· 212
圆点圆刺鲀 *Cyclichthys orbicularis* (Bloch, 1785) ·· 213

鮟鱇目 Lophiiformes
单棘躄鱼科 Chaunacidae
阿部氏单棘躄鱼 *Chaunax abei* Le Danois, 1978 ·· 214
鮟鱇科 Lophiidae
黑鮟鱇 *Lophiomus setigerus* (Vahl, 1797) ·· 215
须角鮟鱇科 Linophrynidae
印度须角鮟鱇 *Linophryne indica* (Brauer, 1902) ··· 216

枪形目 Teuthoidea
武装乌贼科 Enoploteuthidae
多钩钩腕乌贼 *Abralia multihamata* Sasaki, 1929 ··· 217
柔鱼科 Ommastrephidae
飞乌贼 *Ornithoteuthis volatilis* (Sasaki, 1915) ·· 218
鸢乌贼 *Stenoteuthis oualaniensis* (Lesson, 1830) ·· 219
太平洋褶柔鱼 *Todarodes pacificus* Steenstrup, 1880 ·· 220
蛸乌贼科 Octopoteuthidae
蛸乌贼 *Octopoteuthis sicula* Rüppell, 1844 ·· 221
菱鳍乌贼科 Thysanoteuthis
菱鳍乌贼 *Thysanoteuthis rhombus* Troschel, 1857 ·· 222
帆乌贼科 Histioteuthidae
太平洋帆乌贼 *Histioteuthis celetaria pacifica* (G. Voss, 1962) ····································· 223

灯笼鱼目 Myctophiformes

狗母鱼科 Synodontidae

叉斑狗母鱼 *Synodus macrops* Tanaka, 1917

杂斑狗母鱼 *Synodus variegatus* (Lacepède, 1803)

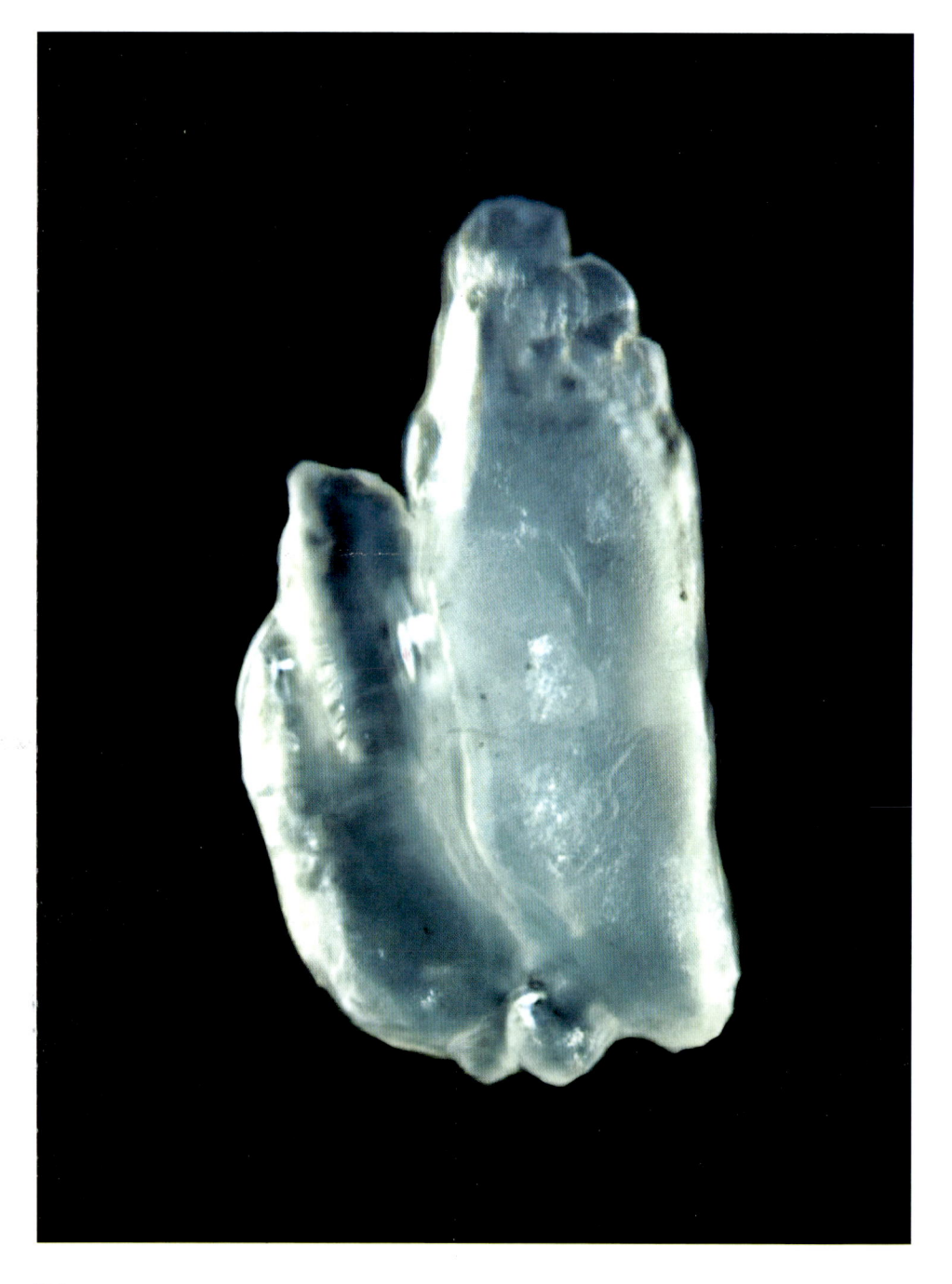

青眼鱼科 Chlorophthalmidae

隆背青眼鱼 *Chlorophthalmus acutifrons* Hiyama, 1940

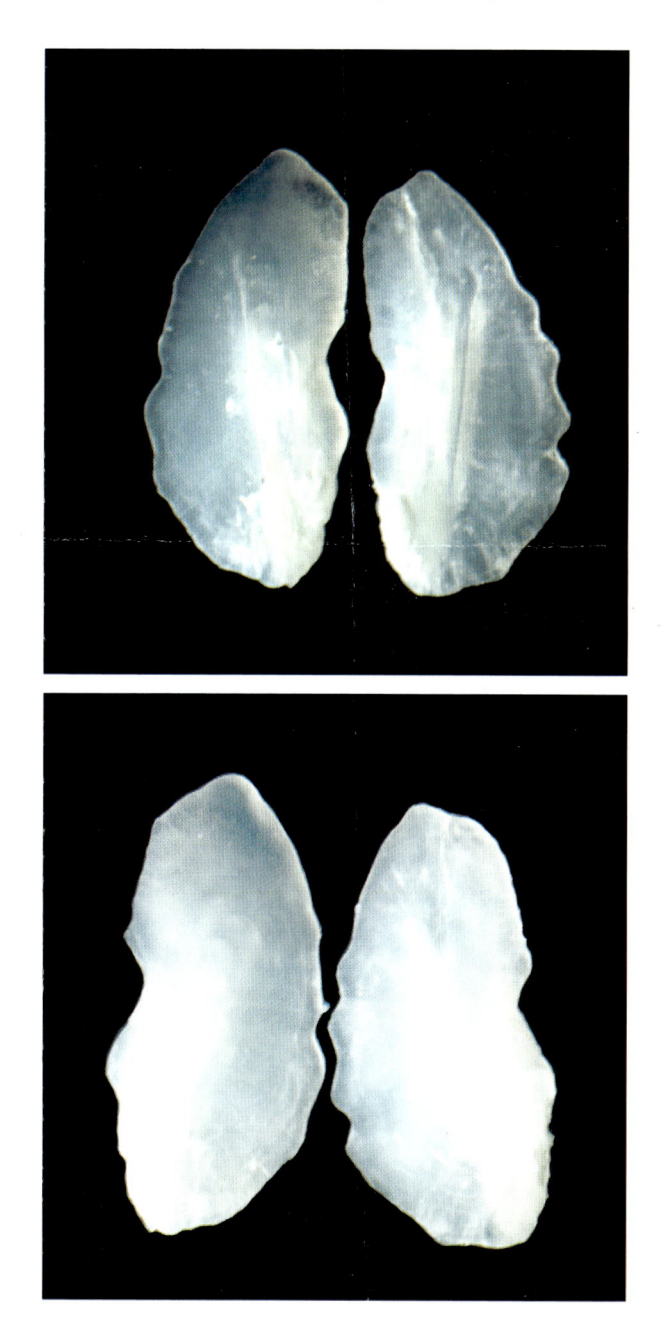

灯笼鱼科 Myctophidae

近壮灯鱼 *Hygophum proximum* Becker, 1965

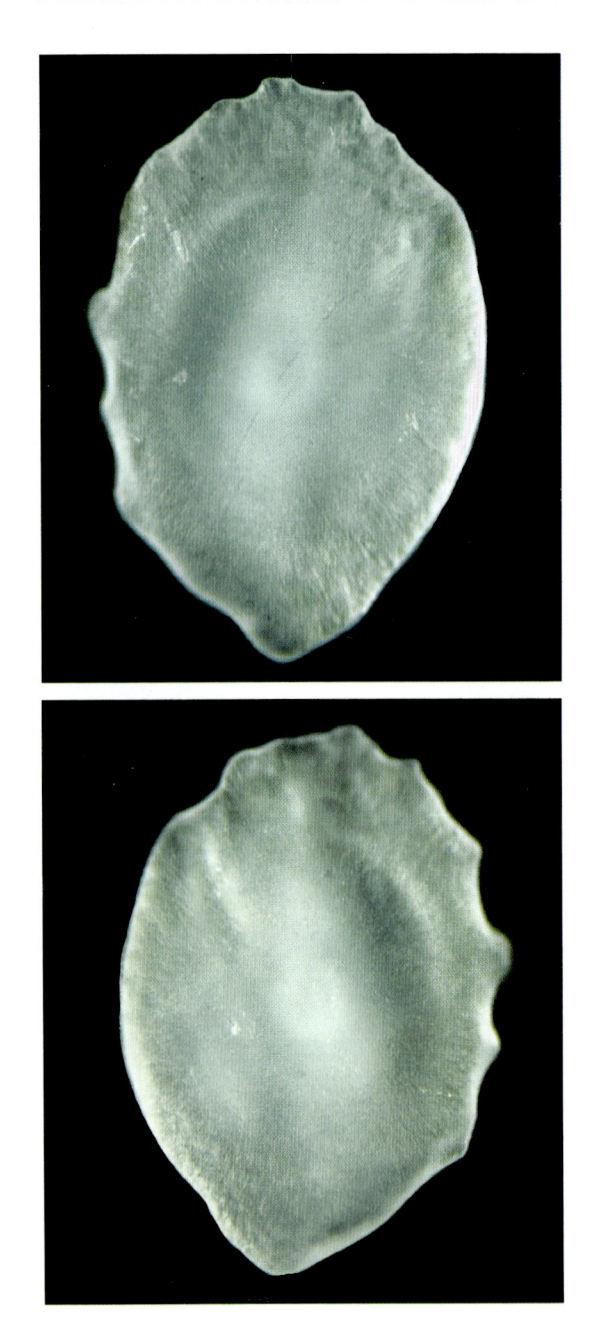

黑壮灯鱼 *Hygophum atratum* (Garman, 1899)

朗明灯鱼 *Diogenichthys laternatus* (Garman, 1899)

七星底灯鱼 *Benthosema pterotum* (Alcock, 1890)

灯笼鱼目·灯笼鱼科

高体电灯鱼 *Electrona risso* (Cocco,1829)

粗短灯笼鱼 *Myctophum selenops* Tåning, 1928

粗鳞灯笼鱼 *Myctophum asperum* Richardson, 1845

短颌灯笼鱼 *Myctophum brachygnathum* (Bleeker, 1856)

钝吻灯笼鱼 *Myctophum obtusirostre* Tåning, 1928

灯笼鱼目·灯笼鱼科

金焰灯笼鱼 *Myctophum aurolaternatum* Garman, 1899

灯笼鱼目·灯笼鱼科

闪光灯笼鱼 *Myctophum nitidulum* Garman, 1899

光彩标灯鱼 *Symbolophorus evermanni* (Gilbert, 1905)

巴氏眶灯鱼 *Diaphus parri* Tåning, 1928

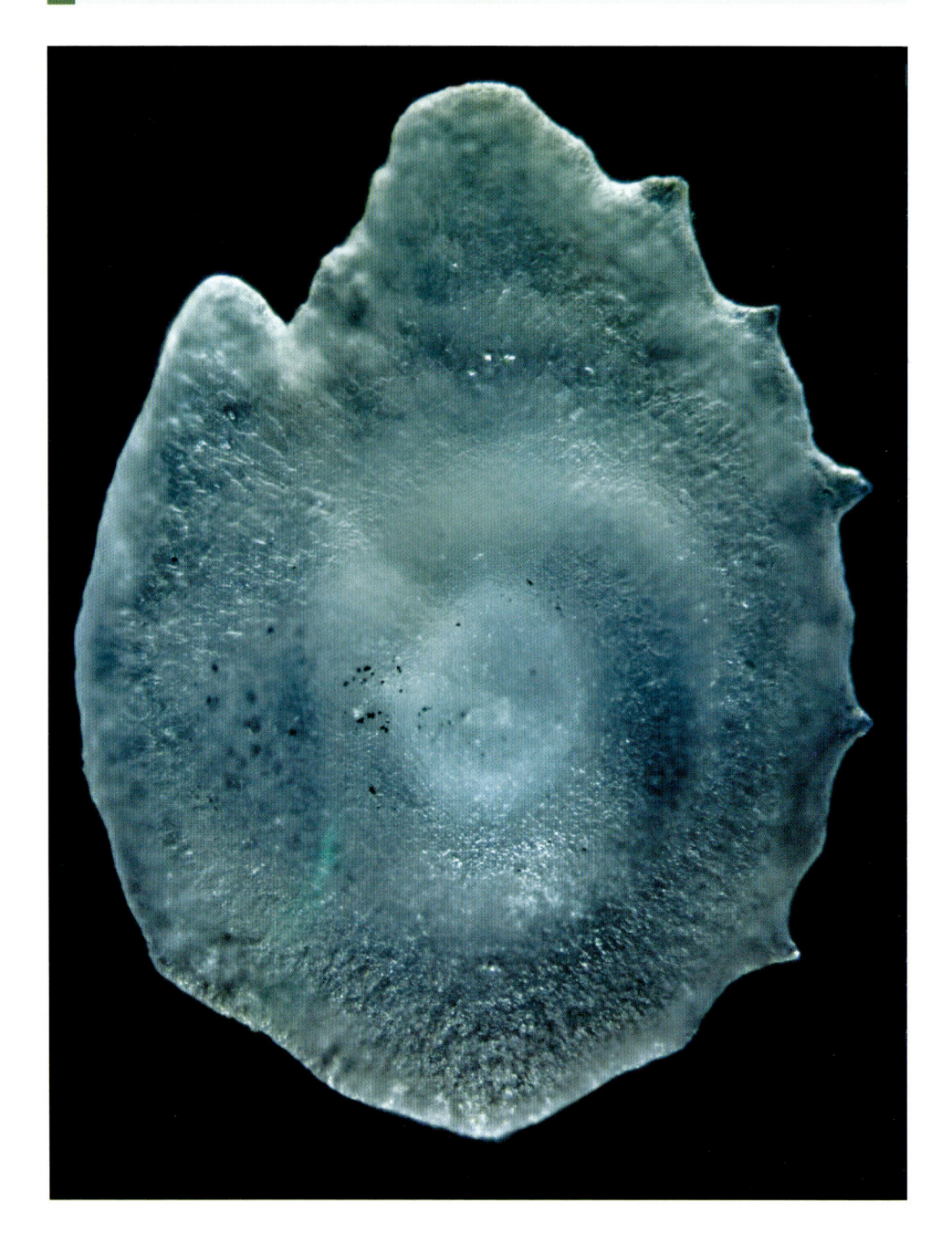

短距眶灯鱼 *Diaphus mollis* Tåning, 1928

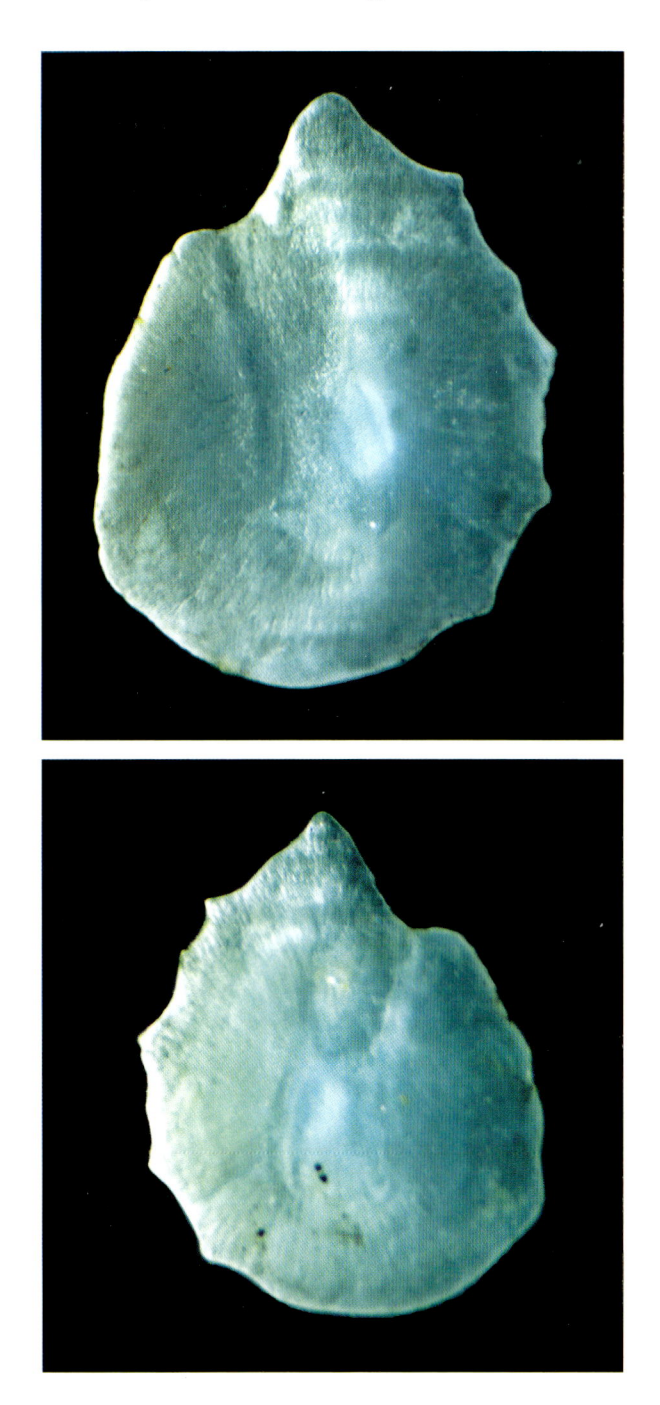

灯笼鱼目·灯笼鱼科

菲氏眶灯鱼 *Diaphus phillipis* Fowler, 1934

符氏眶灯鱼 *Diaphus fragilis* Tåning, 1928

高体眶灯鱼 *Diaphus metopoclampus* (Cocco, 1829)

冠冕睚灯鱼 *Diaphus diademophilus* Nafpaktitus, 1978

华丽眶灯鱼 *Diaphus perspicillatus* (Ogilby, 1898)

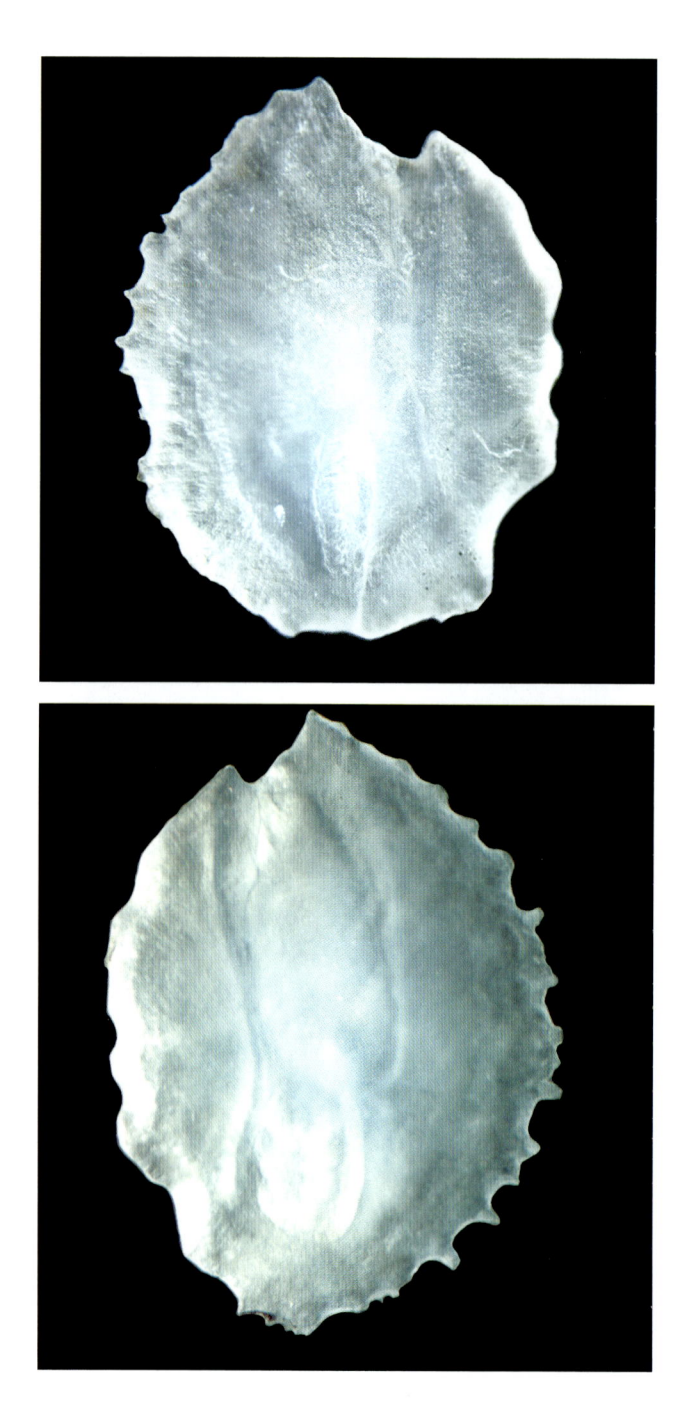

金鼻眶灯鱼 *Diaphus chrysorhynchus* Gilbert et Cramer, 1897

喀氏眶灯鱼 *Diaphus garmani* Gilbert, 1906

李氏眶灯鱼 *Diaphus richardsoni* Tåning, 1932

吕氏眶灯鱼 *Diaphus luetkeni* (Brauer, 1904)

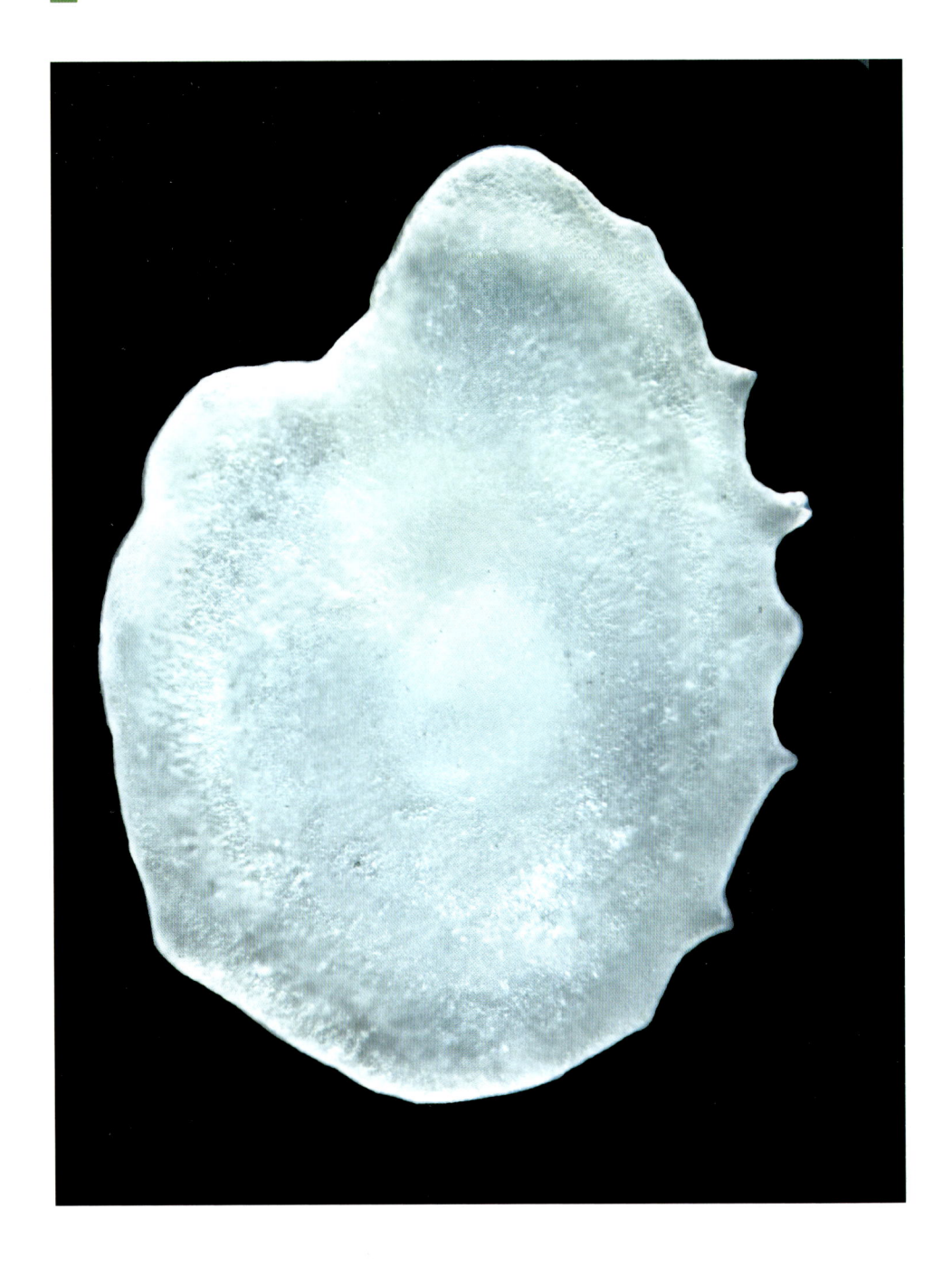

莫名眶灯鱼 *Diaphus problematicus* Parr, 1928

翘光睛灯鱼 *Diaphus regani* Tåning, 1932

天蓝眶灯鱼 *Diaphus coeruleus* (Klunzinger, 1871)

条带眶灯鱼 *Diaphus brachycephalus* Tåning, 1928

瓦氏眶灯鱼 *Diaphus watasei* Jordan et Starks, 1904

灯笼鱼目・灯笼鱼科

耀眼眶灯鱼 *Diaphus lucidus* (Goode et Bean, 1896)

闪光肩灯鱼 *Notoscopelus resplendens* (Richardson, 1845)

暗柄炬灯鱼 *Lampadena speculigera* Goode et Bean, 1896

发光炬灯鱼 *Lampadena luminosa* (Garman, 1899)

尾明角灯鱼 *Ceratoscopelus warmingii* (Lütken, 1892)

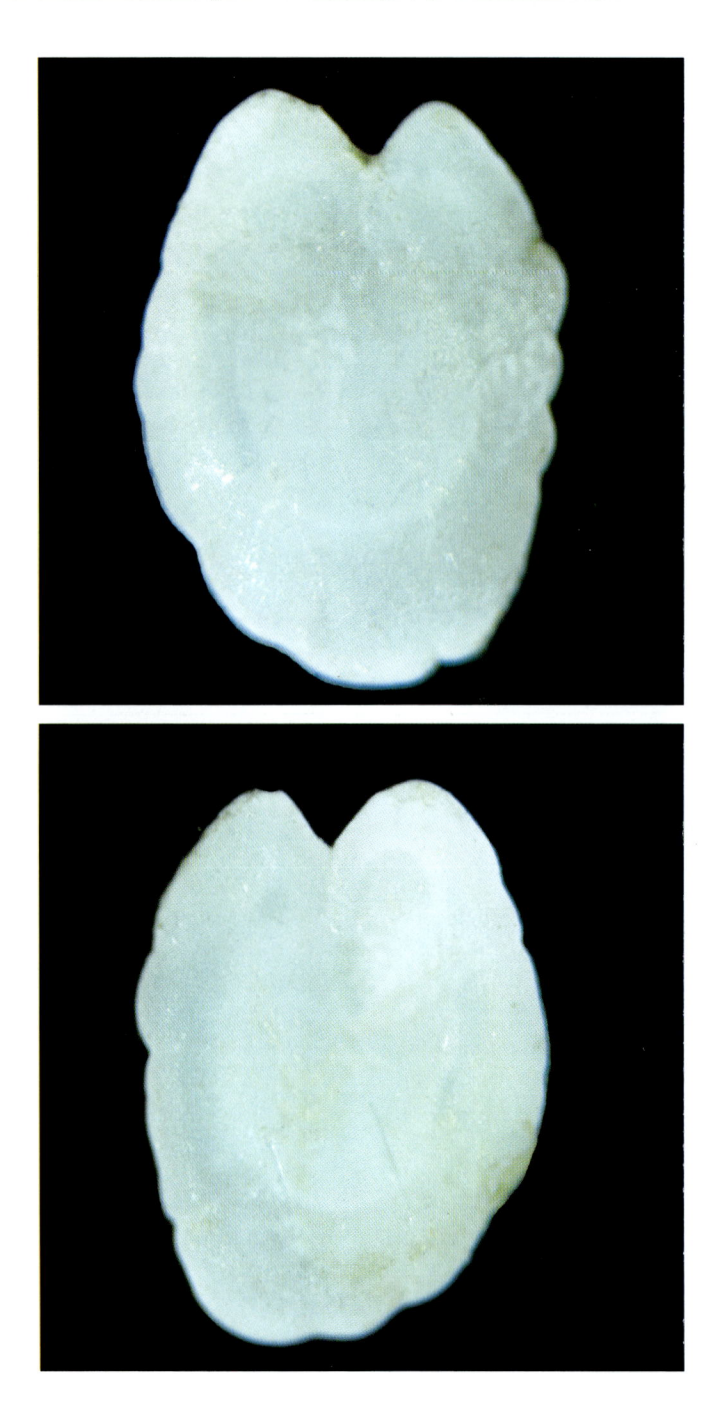

汤氏角灯鱼 *Ceratoscopelus townsendi* (Eigenmann et Eigenmann, 1889)

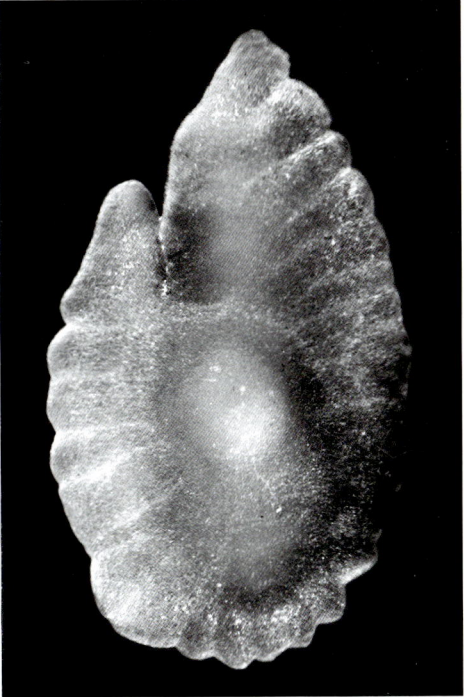

大鳍珍灯鱼 *Lampanyctus macropterus* (Brauer, 1904)

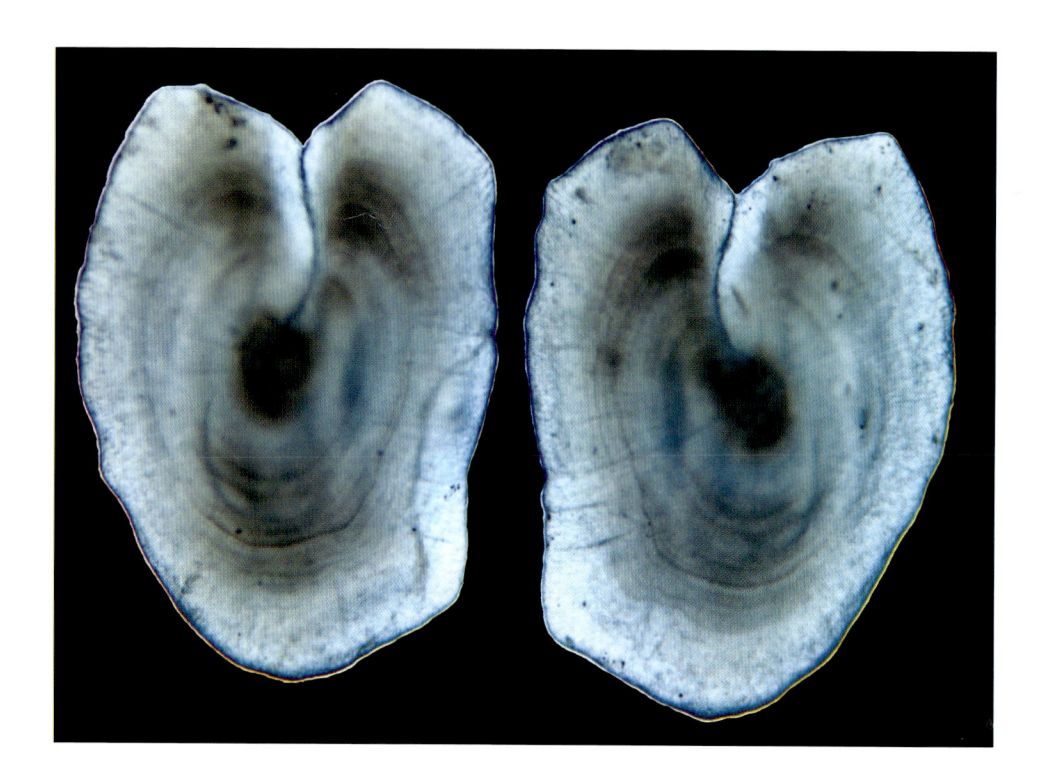

黑色珍灯鱼 *Lampanyctus niger* (Günther, 1887)

灯笼鱼目 · 灯笼鱼科

■ **诺贝珍灯鱼** *Lampanyctus nobilis* Tåning, 1928

灯笼鱼目·灯笼鱼科

天纽珍灯鱼 *Lampanyctus tenuiformis* (Brauer, 1906)

喜庆珍灯鱼 *Lampanyctus festivus* Tåning, 1928

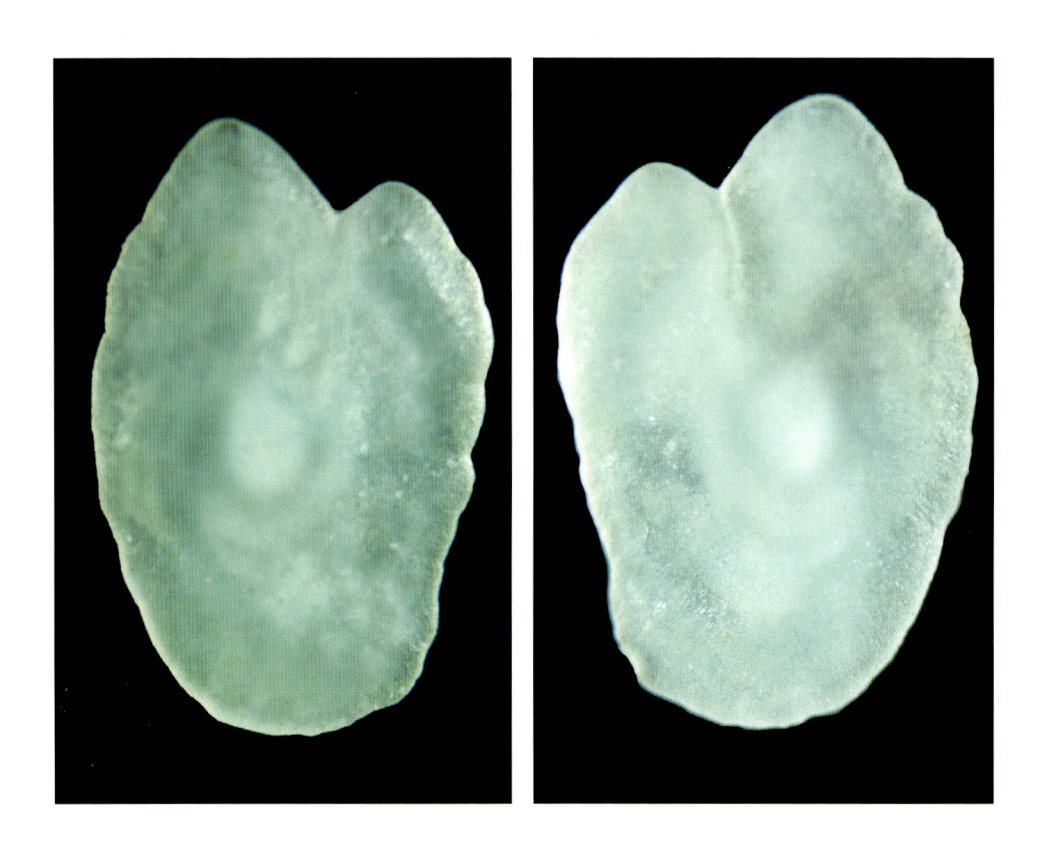

细斑珍灯鱼 *Lampanyctus alatus* Goode et Bean, 1896

眶暗虹灯鱼 *Bolinichthys pyrsobolus* (Alcock, 1890)

长鳍虹灯鱼 *Bolinichthys longipes* (Brauer, 1906)

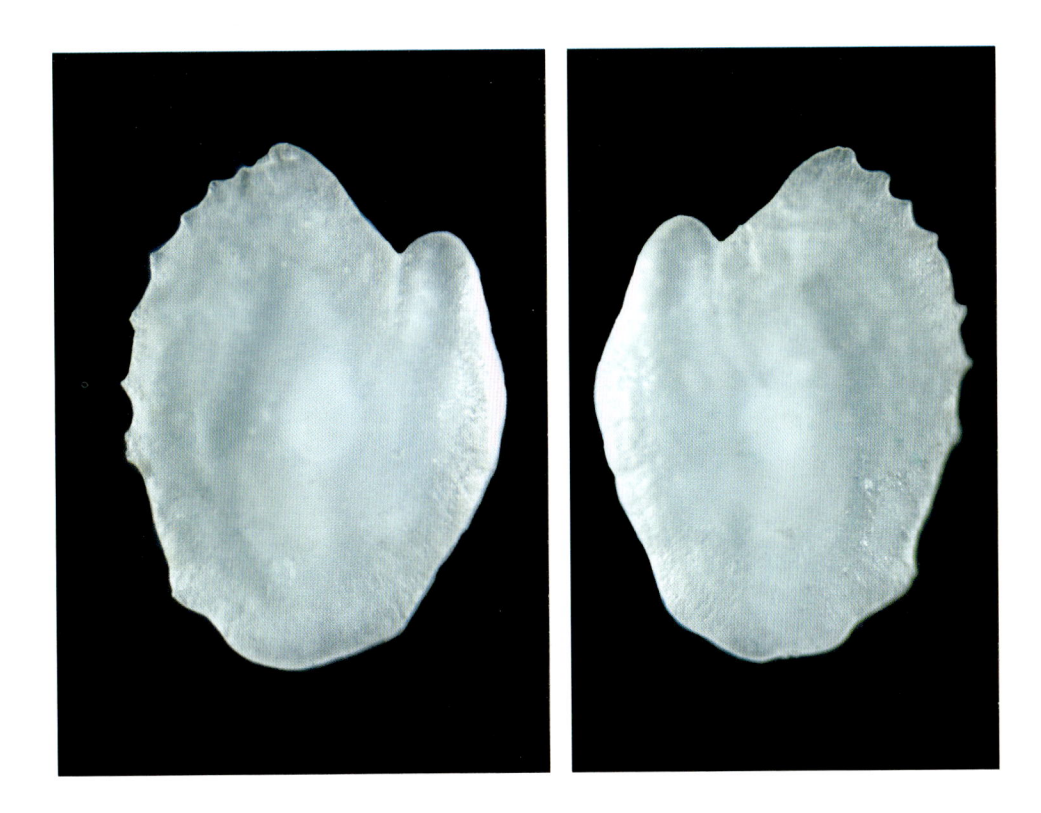

灯笼鱼目·灯笼鱼科

短吻锦灯鱼 *Centrobranchus brevirostris* Becker, 1964

牡锦灯鱼 *Centrobranchus andreae* (Lütken, 1892)

鲈晰鱼科 Paralepididae

日本裸蜥鱼 *Lestrolepis japonica* Tanaka, 1908

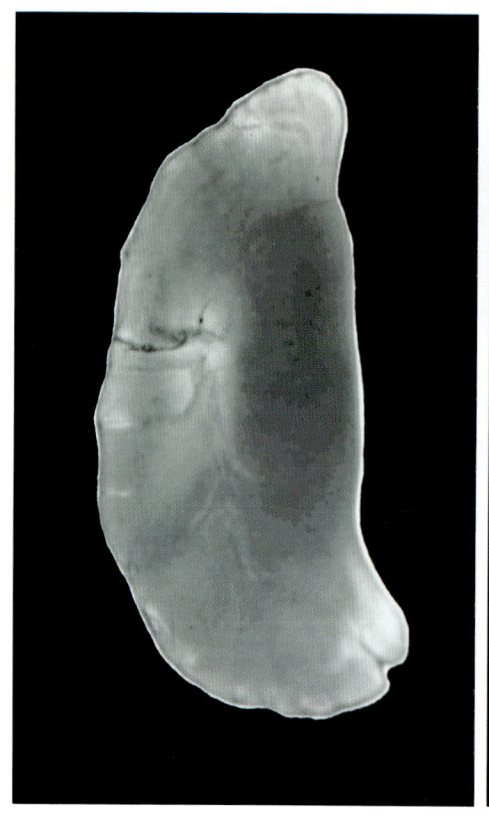

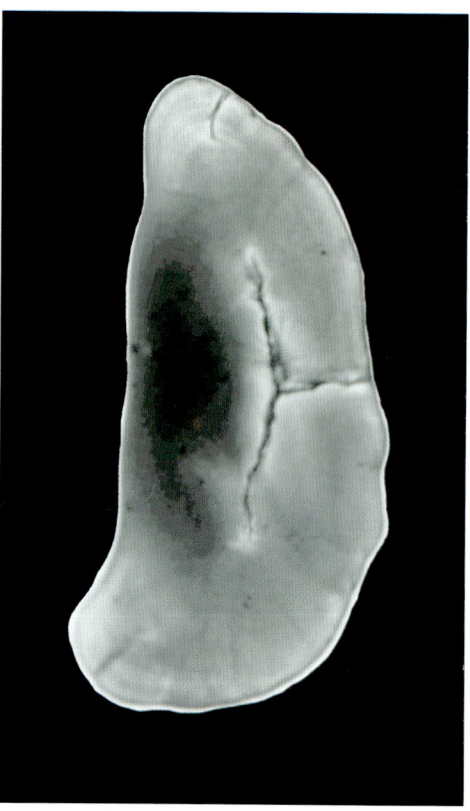

灯笼鱼目·鲟晰鱼科

■ 大西洋大梭蜥鱼 *Paralepis atlantica* (Krøyer, 1868)

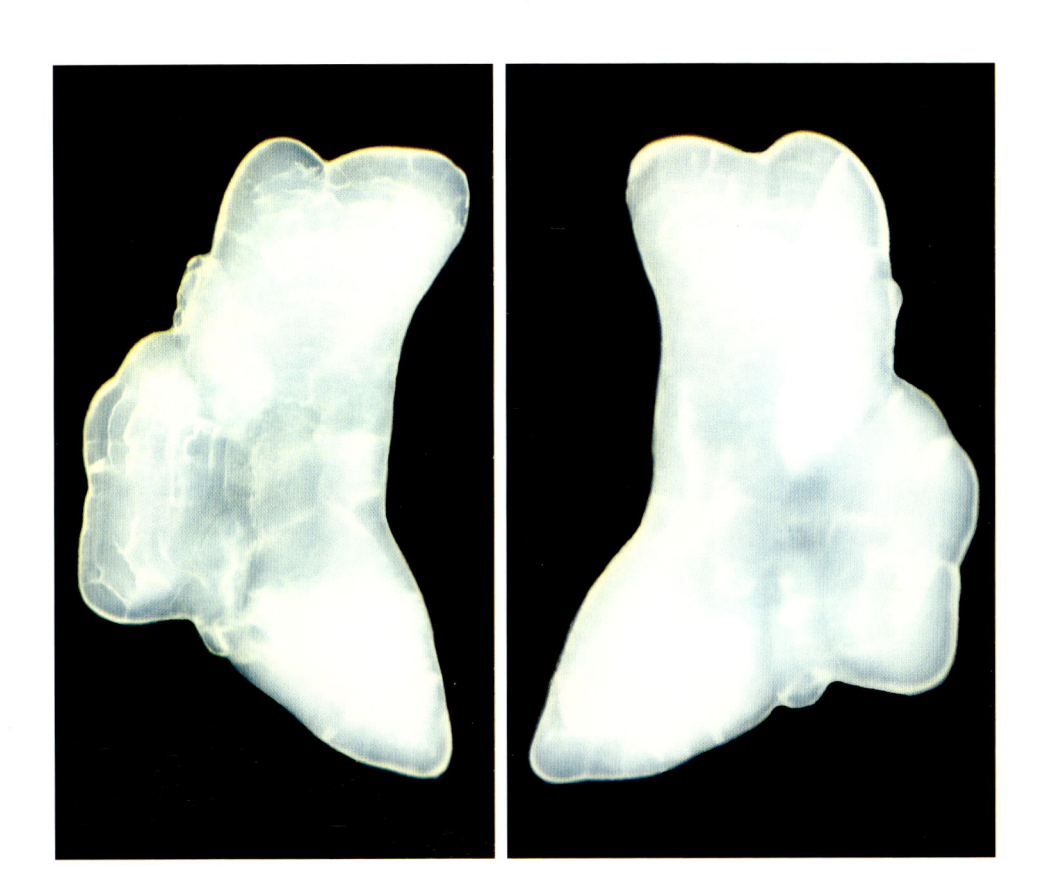

珠目鱼科 Scopelarchidae

柔珠目鱼 *Scopelarchus analis* (Brauer, 1902)

齿口鱼科 Evermannellidae

谷蜥鱼 *Coccorella atrata* (Alcock, 1893)

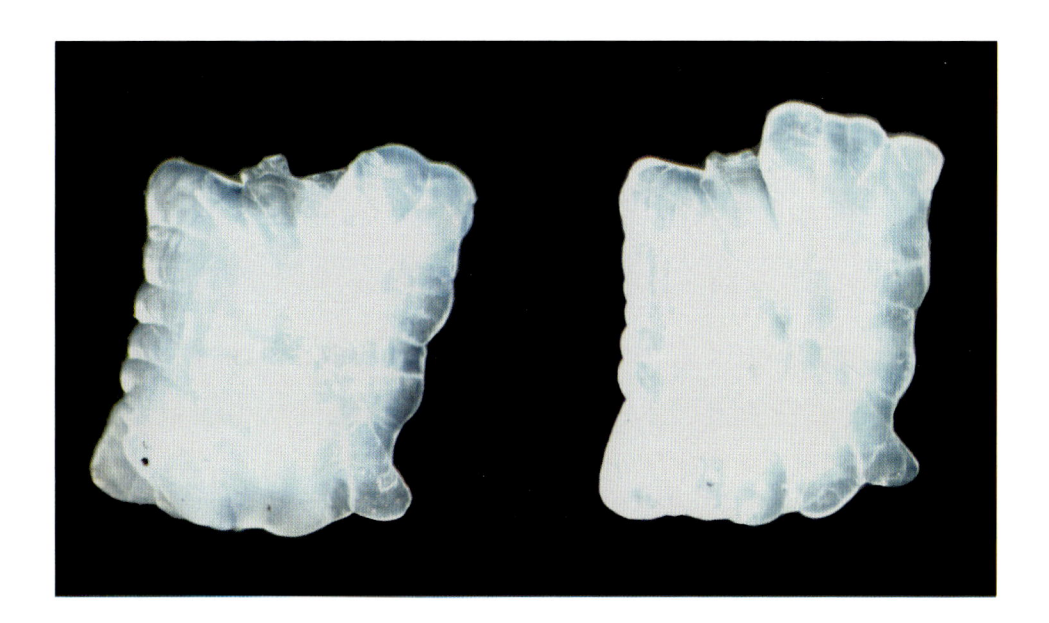

印度齿口鱼 *Evermannella indica* Brauer, 1906

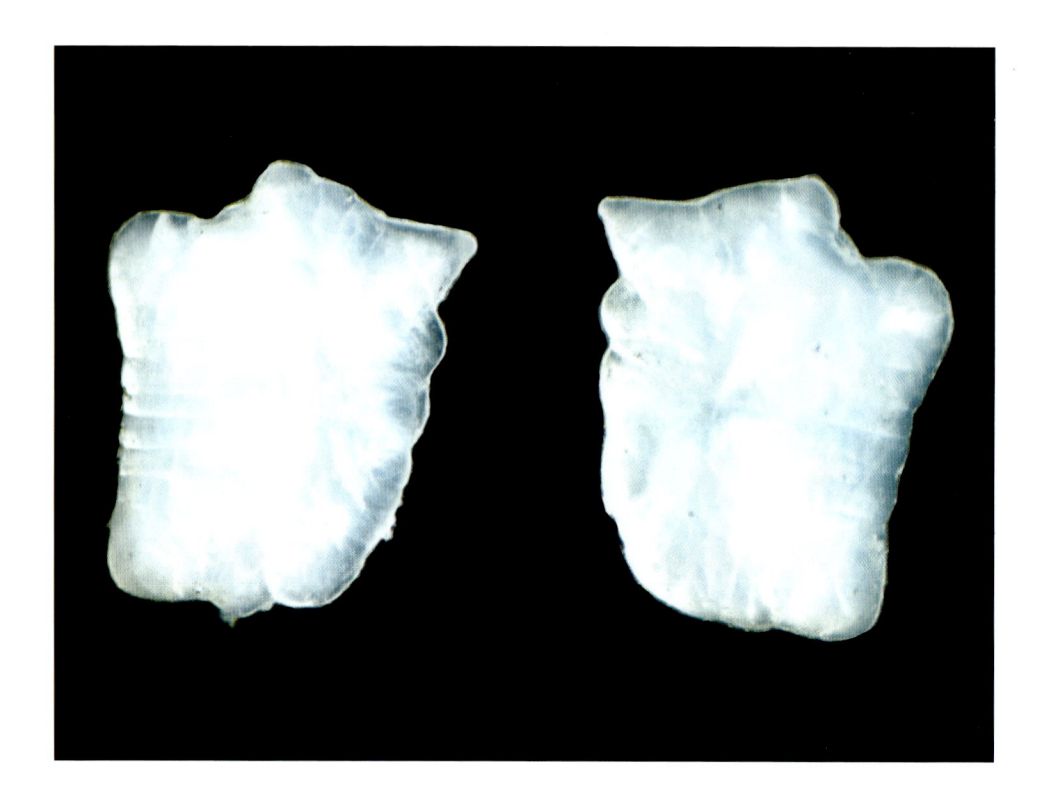

鲸口鱼目 Cetomimiformes

龙氏鱼科 Rondeletiidae

■ 网肩龙氏鱼 *Rondeletia loricata* Abe et Hotta, 1963

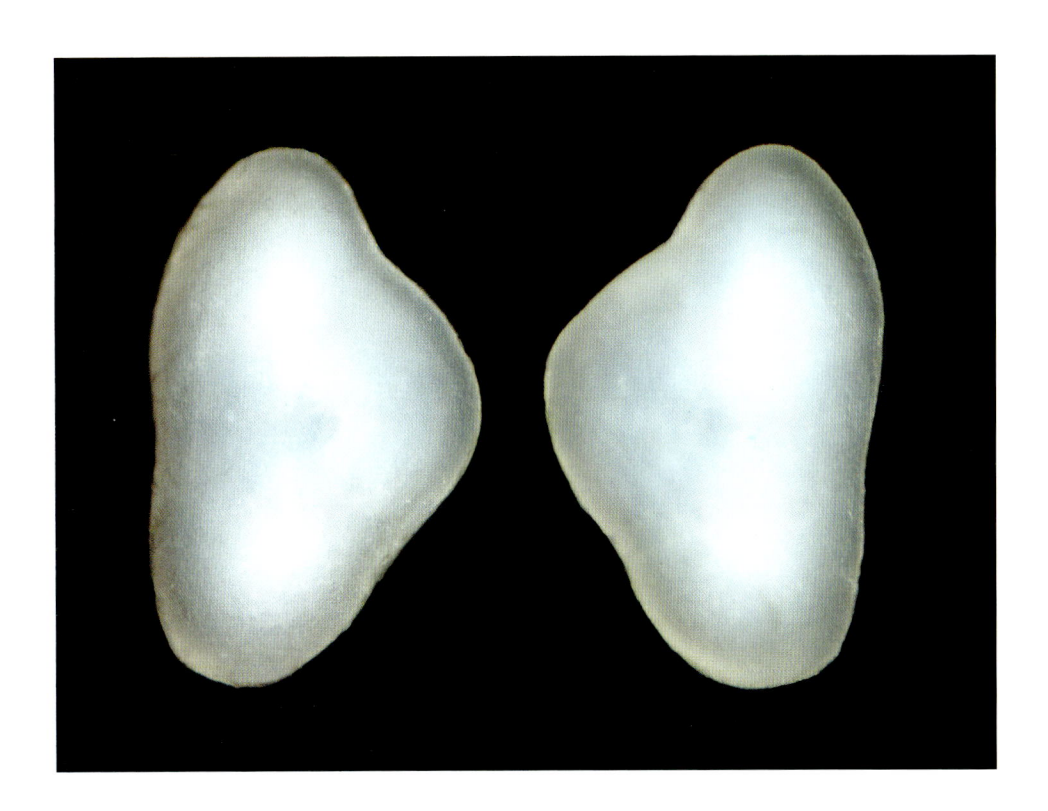

巨口鱼目 Stomiiformes
钻光鱼科 Gonostomatidae

长钻光鱼 *Sigmops elongates* (Günther, 1878)

钝吻缘光鱼 *Margrethia obtusirostra* Jespersen et Tåning, 1919

条带多光鱼 *Diplophos taenia* Günther, 1873

褶胸鱼科 Sternoptychidae

银斧鱼 *Argyropelecus hemigymnus* Cocco, 1829

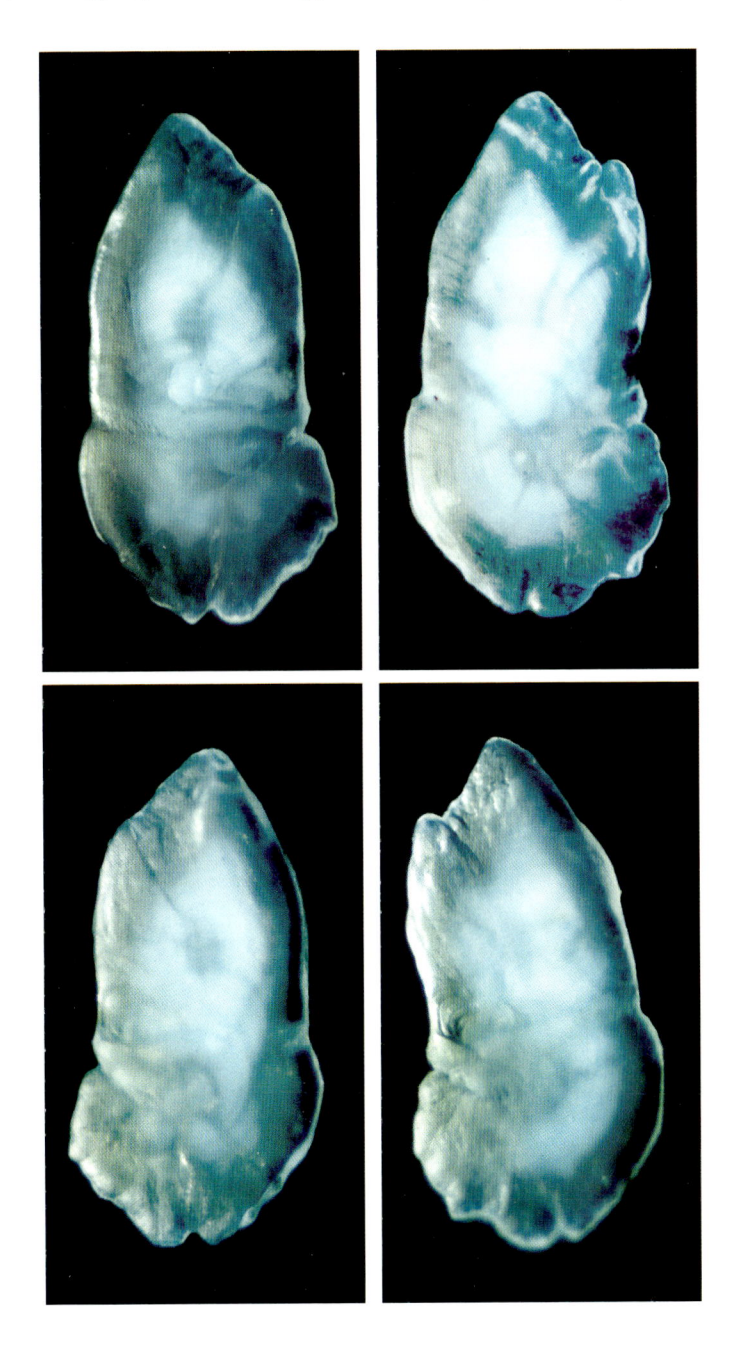

高银斧鱼 *Argyropelecus sladeni* Regan, 1908

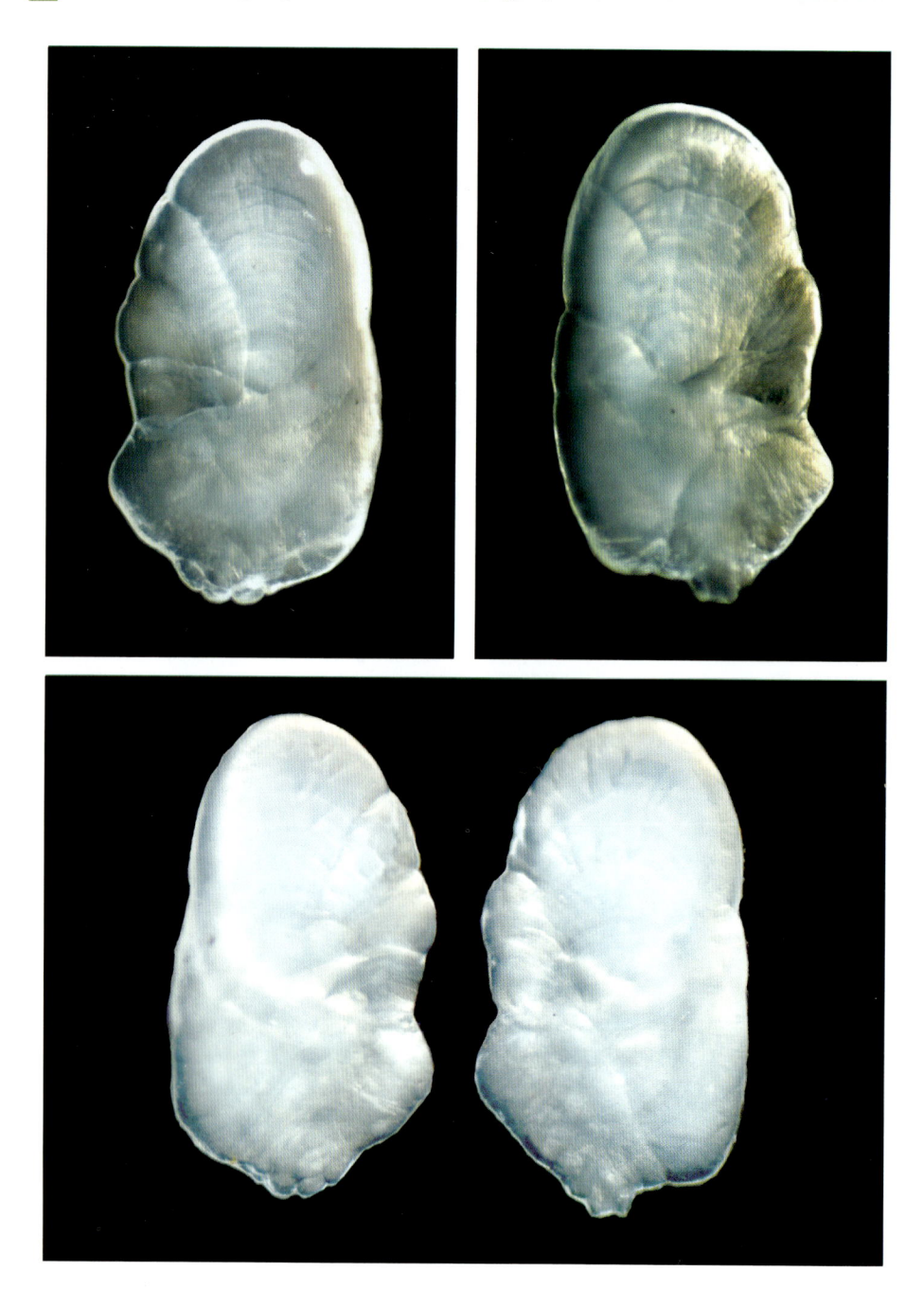

拟低褶胸鱼 *Sternoptyx pseudobscura* Baird, 1971

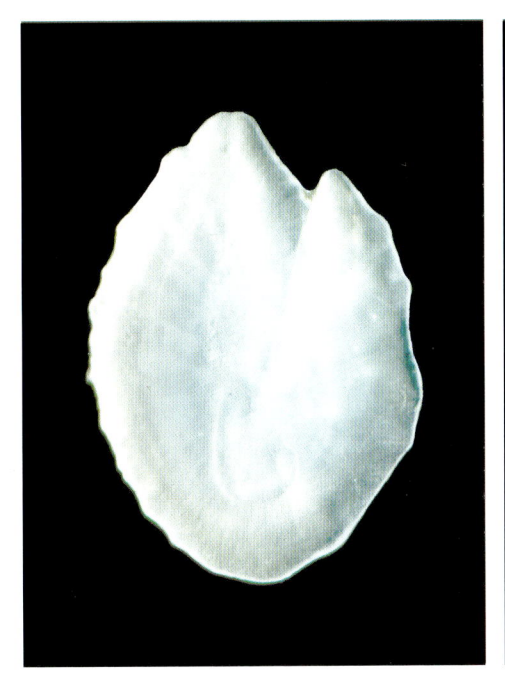

低褶胸鱼 *Sternoptyx obscura* Garman, 1899

巨口鱼科 Stomiidae

多指奇巨口鱼 *Aristostomias polydactylus* Regan et Trewavas, 1930

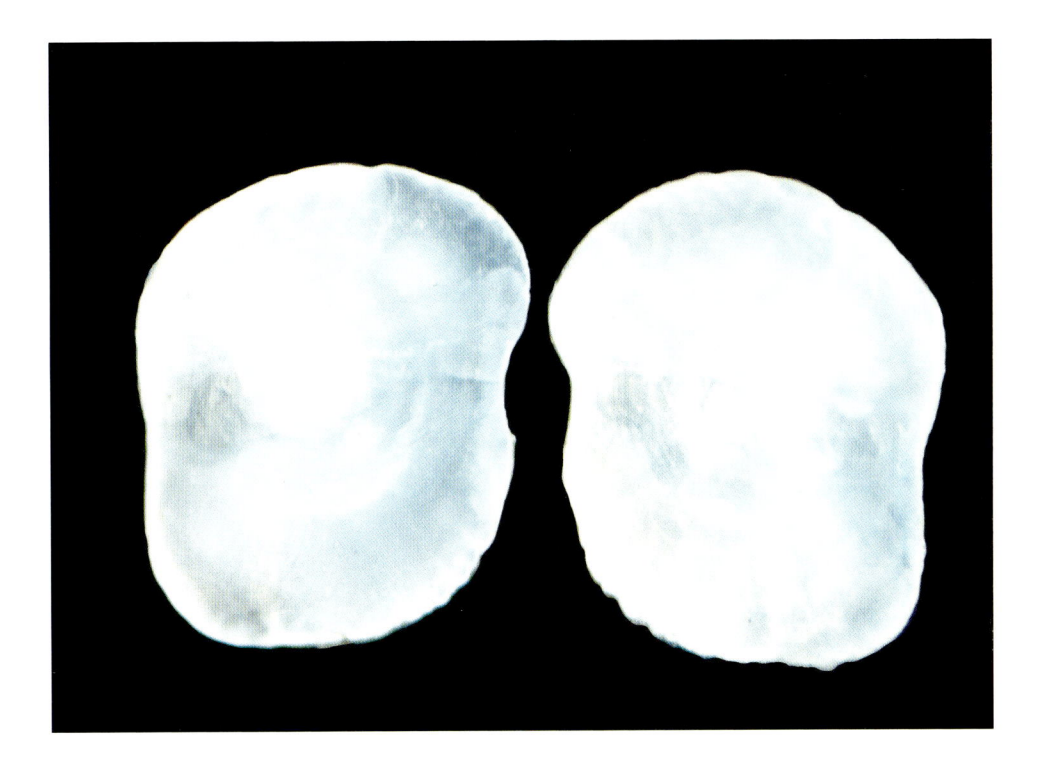

东大西洋真巨口鱼 *Eustomias dendriticus* Regan et Trewavas, 1930

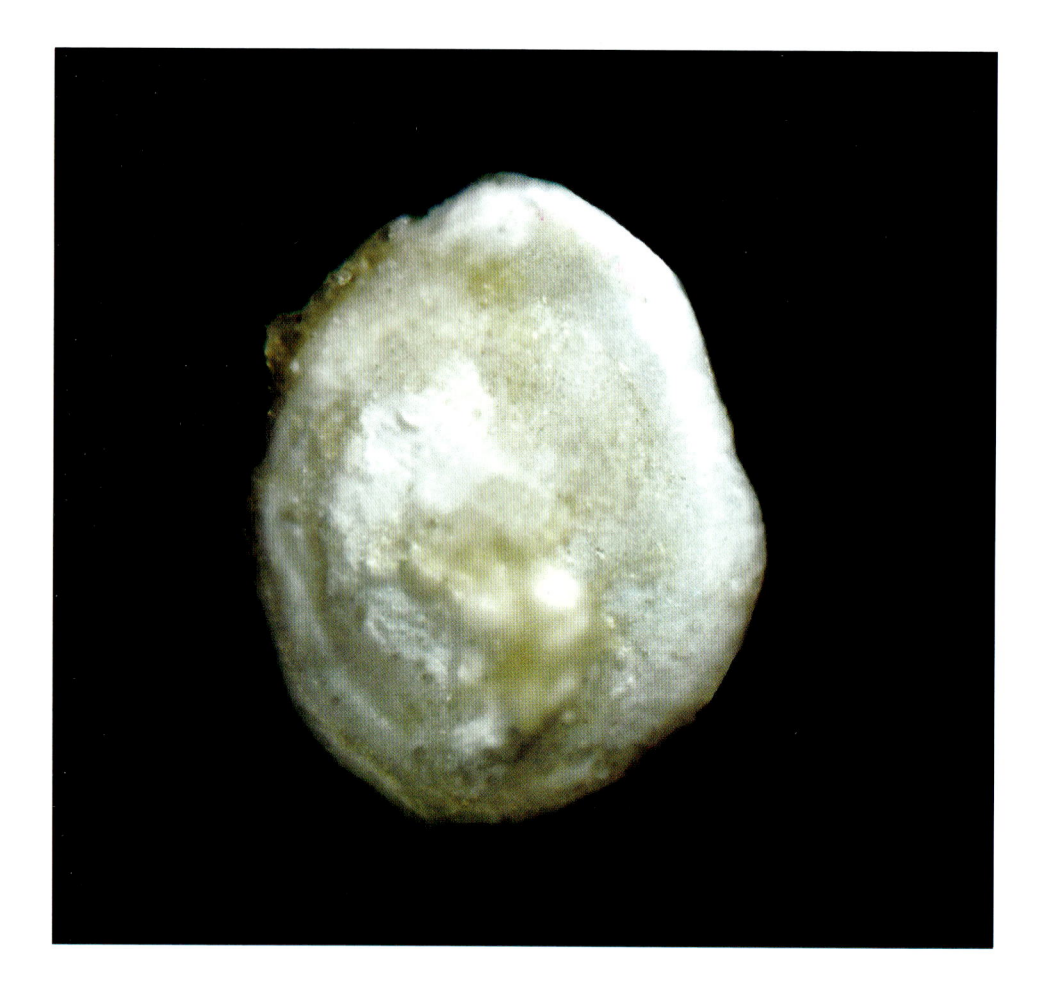

歧须真巨口鱼 *Eustomias bifilis* Gibbs, 1960

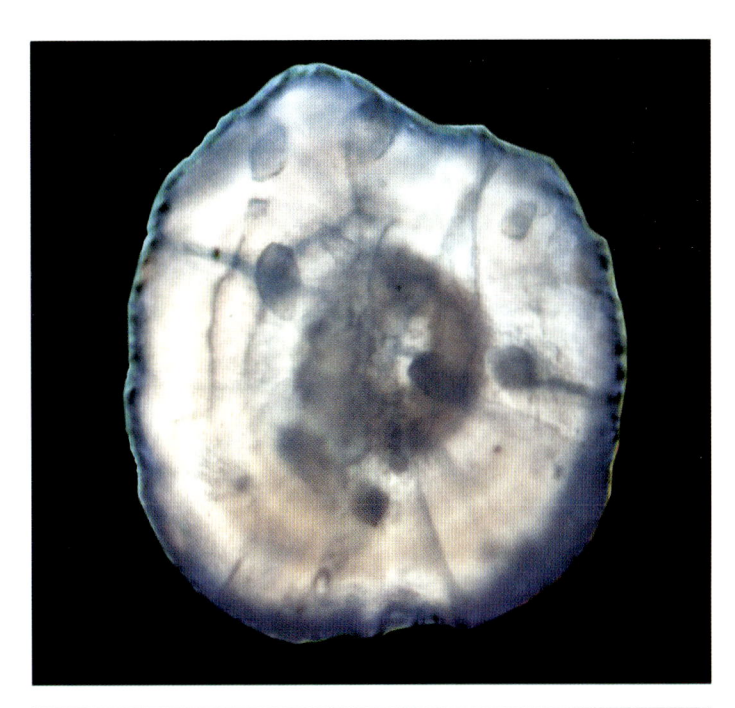

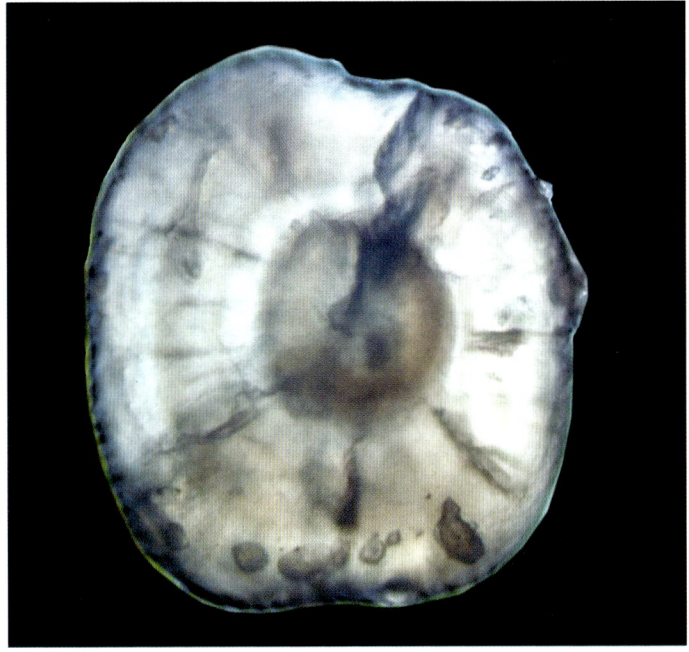

少纹黑巨口鱼 *Melanostomias pauciradius* Matsubara, 1938

长须巨口鱼 *Stomias longibarbatus* (Brauer, 1902)

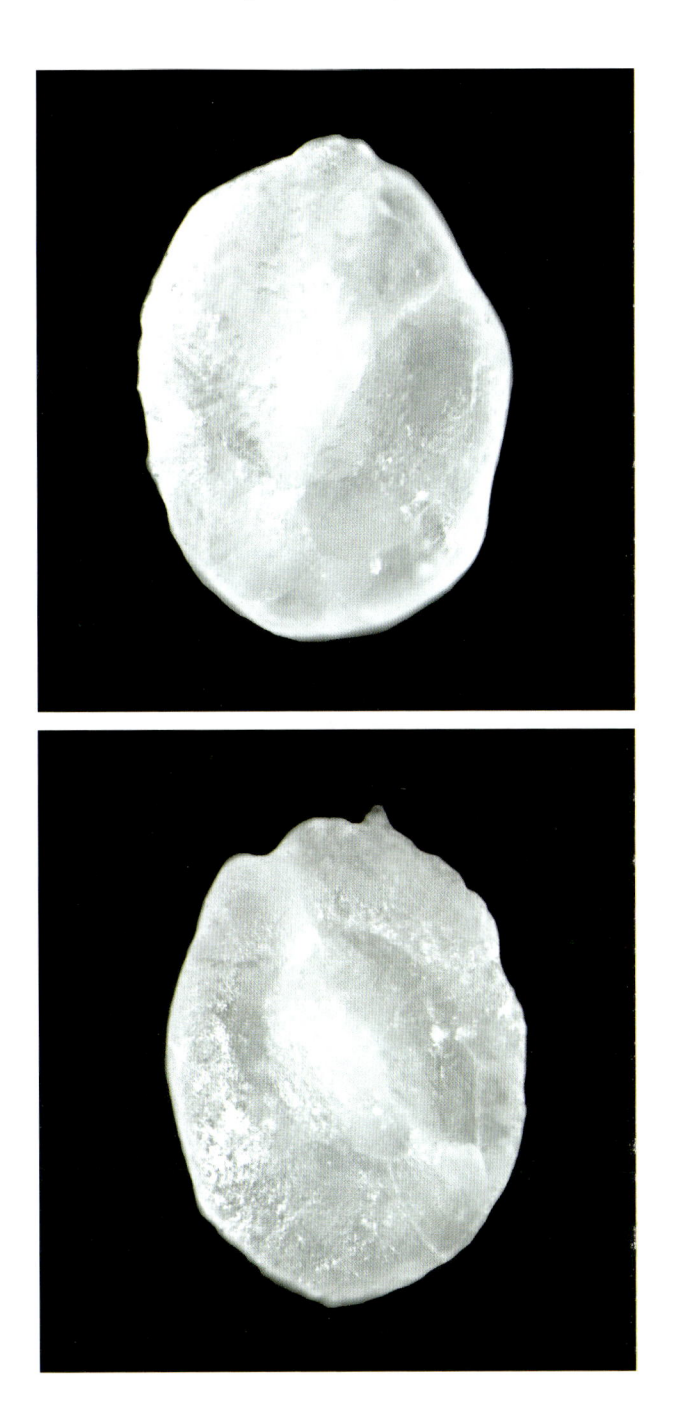

格氏光巨口鱼 *Photostomias guernei* Collett, 1889

黑软颌鱼 *Malacosteus niger* Ayres, 1848

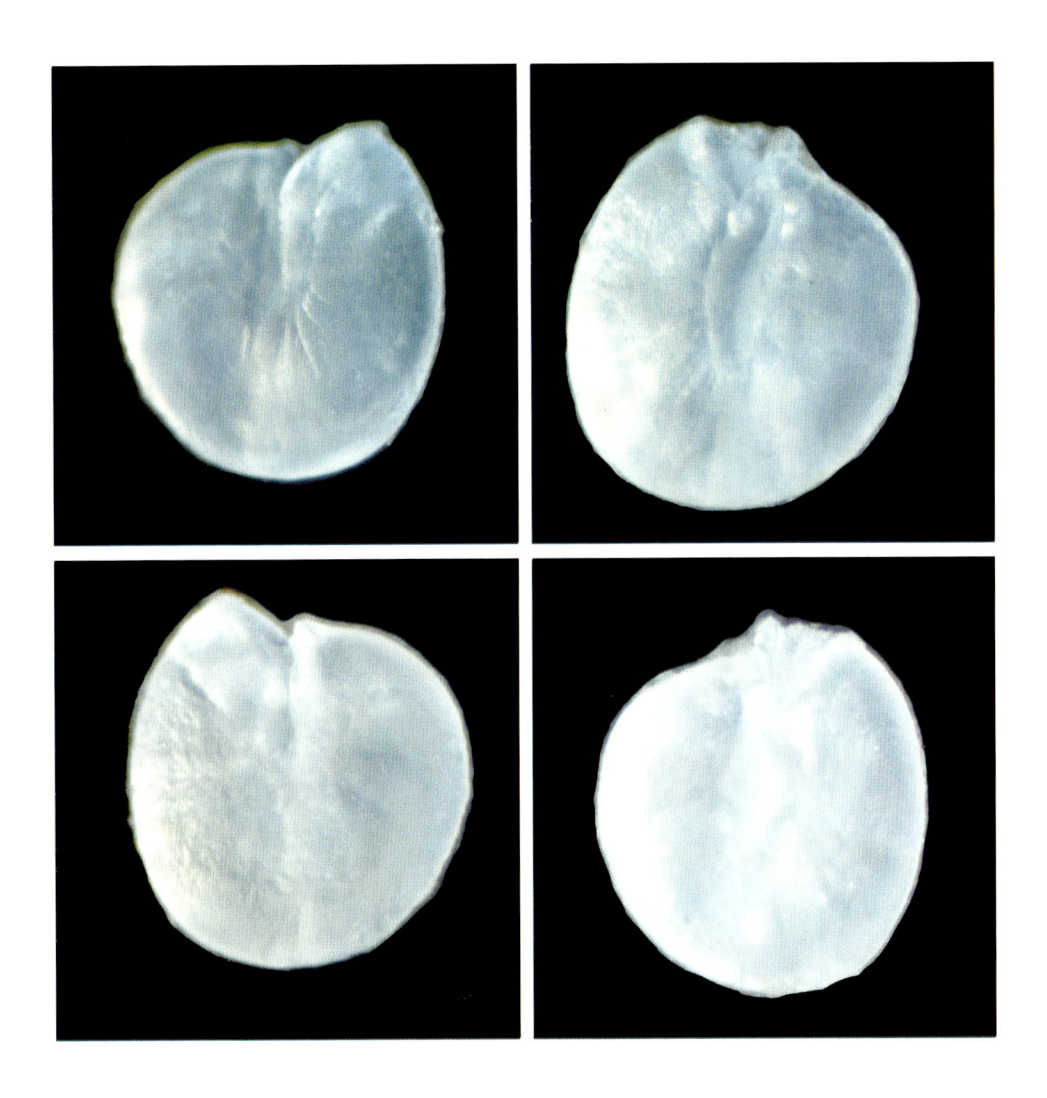

黑巨口鱼科 Melanostomiatidae

明鳍袋巨口鱼 *Photonectes albipennis* (Döderlein, 1882)

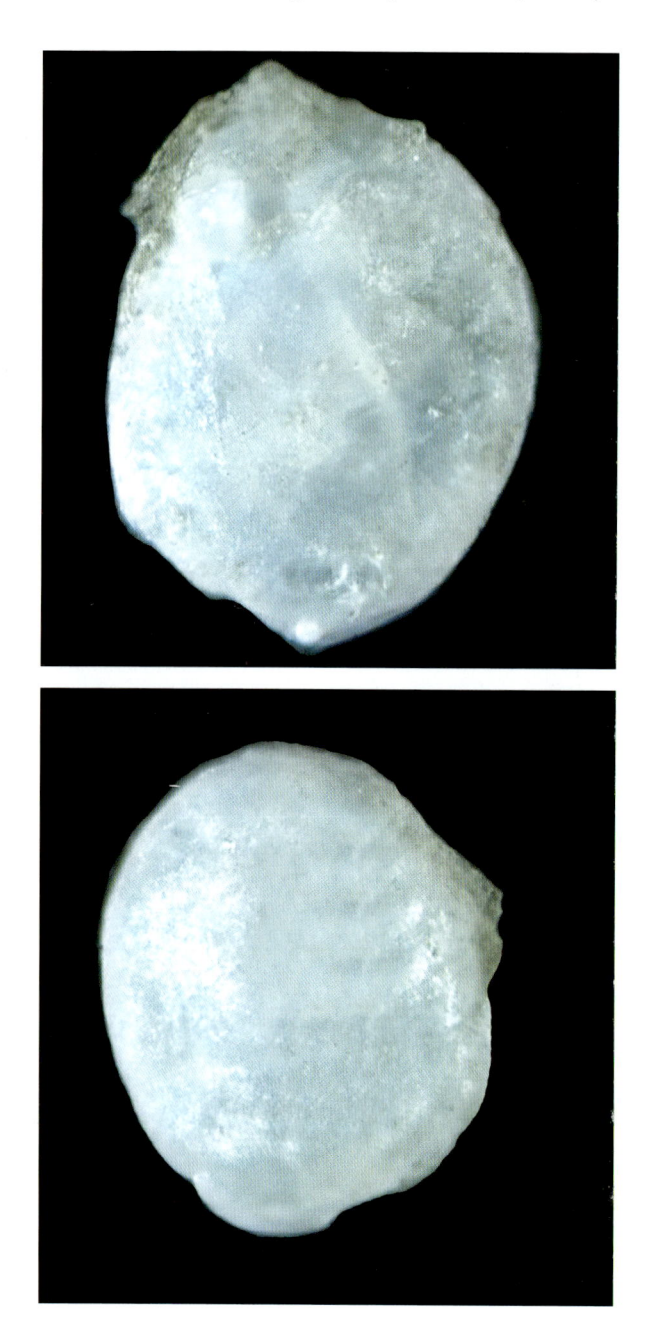

黑鳍袋巨口鱼 *Photonectes margarita* (Goode et Bean, 1896)

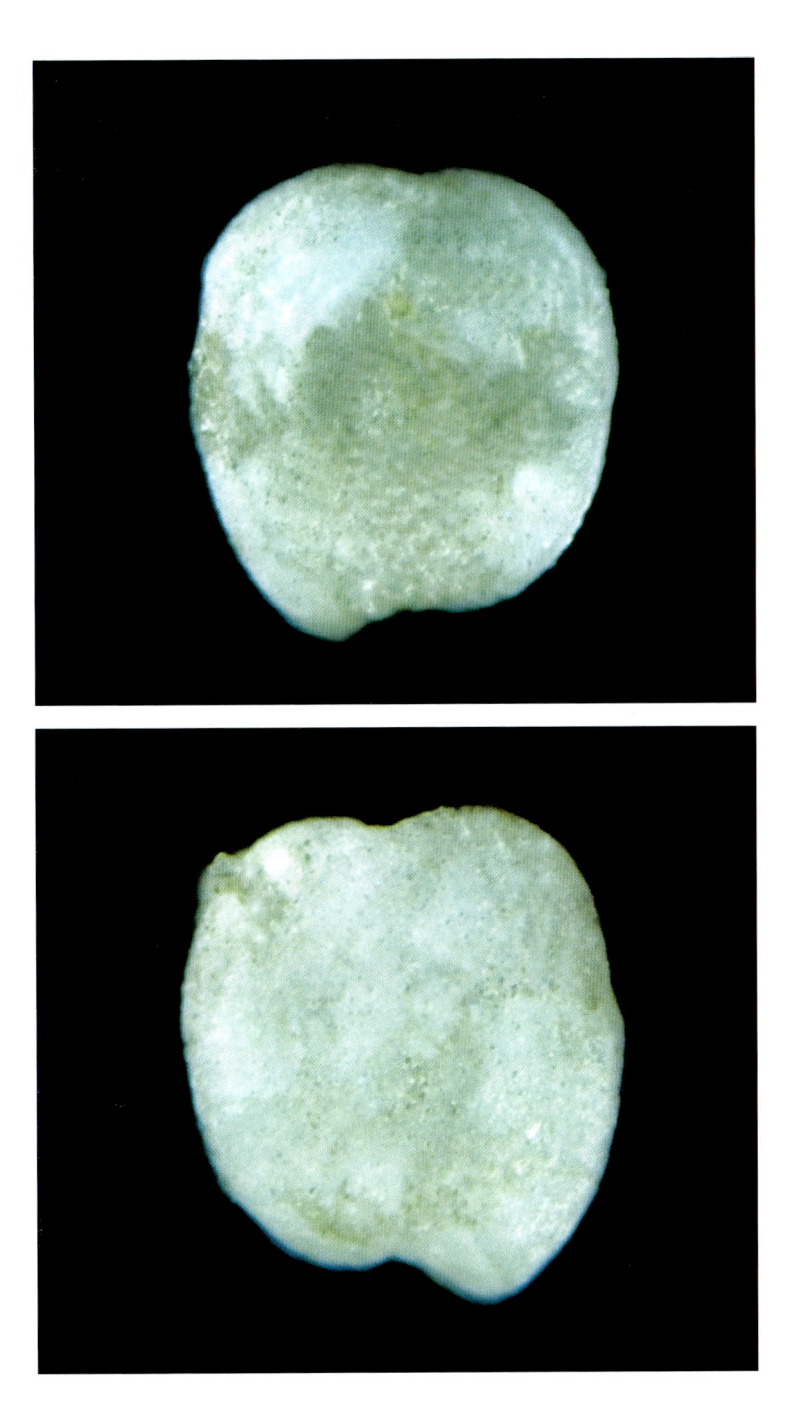

厚巨口鱼 *Pachystomias microdon* (Günther, 1878)

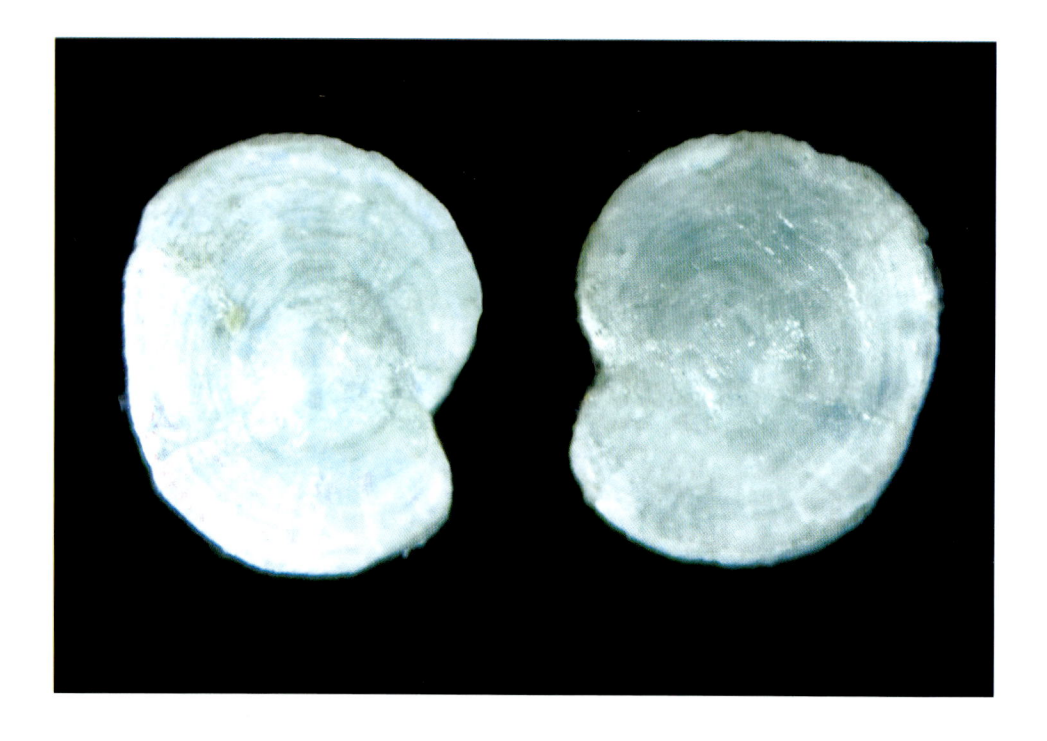

星衫鱼科 Astronesthidae

蛇口异星衫鱼 *Heterophotus ophistoma* Regan et Trewavas, 1929

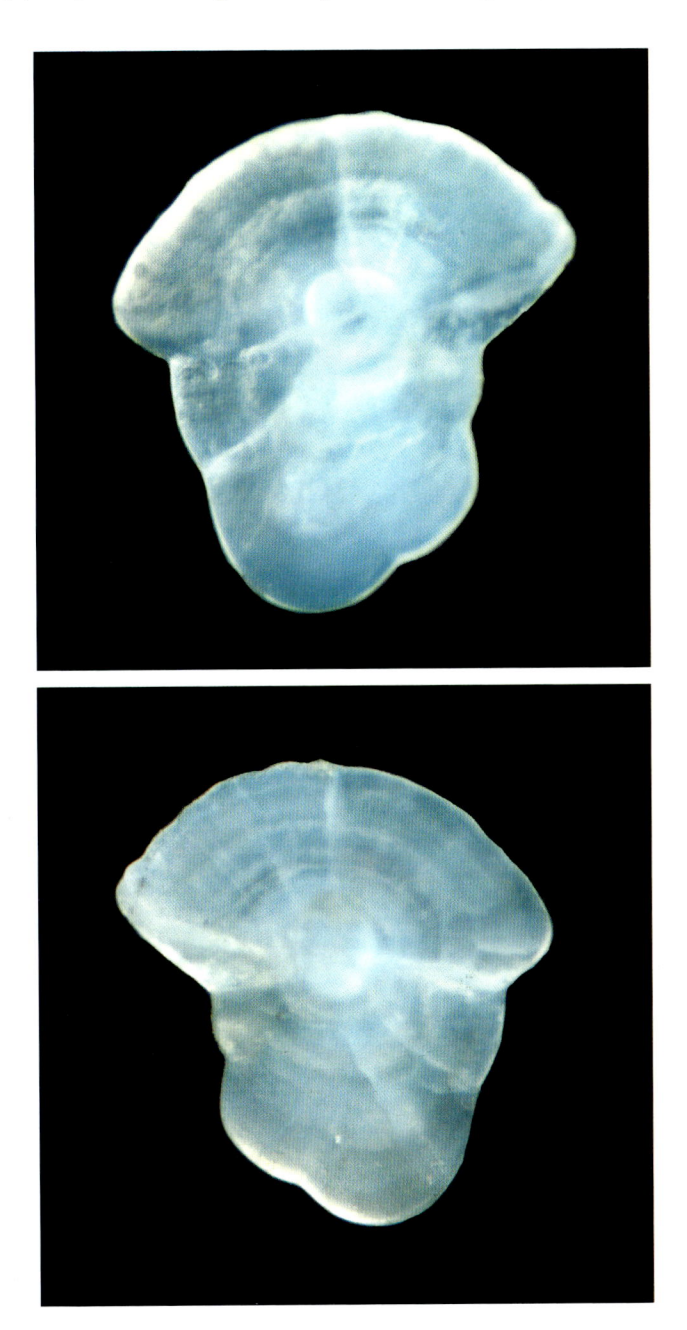

巨口鱼目·星衫鱼科

■ 丝球星衫鱼 *Astronesthes splendidus* Brauer, 1902

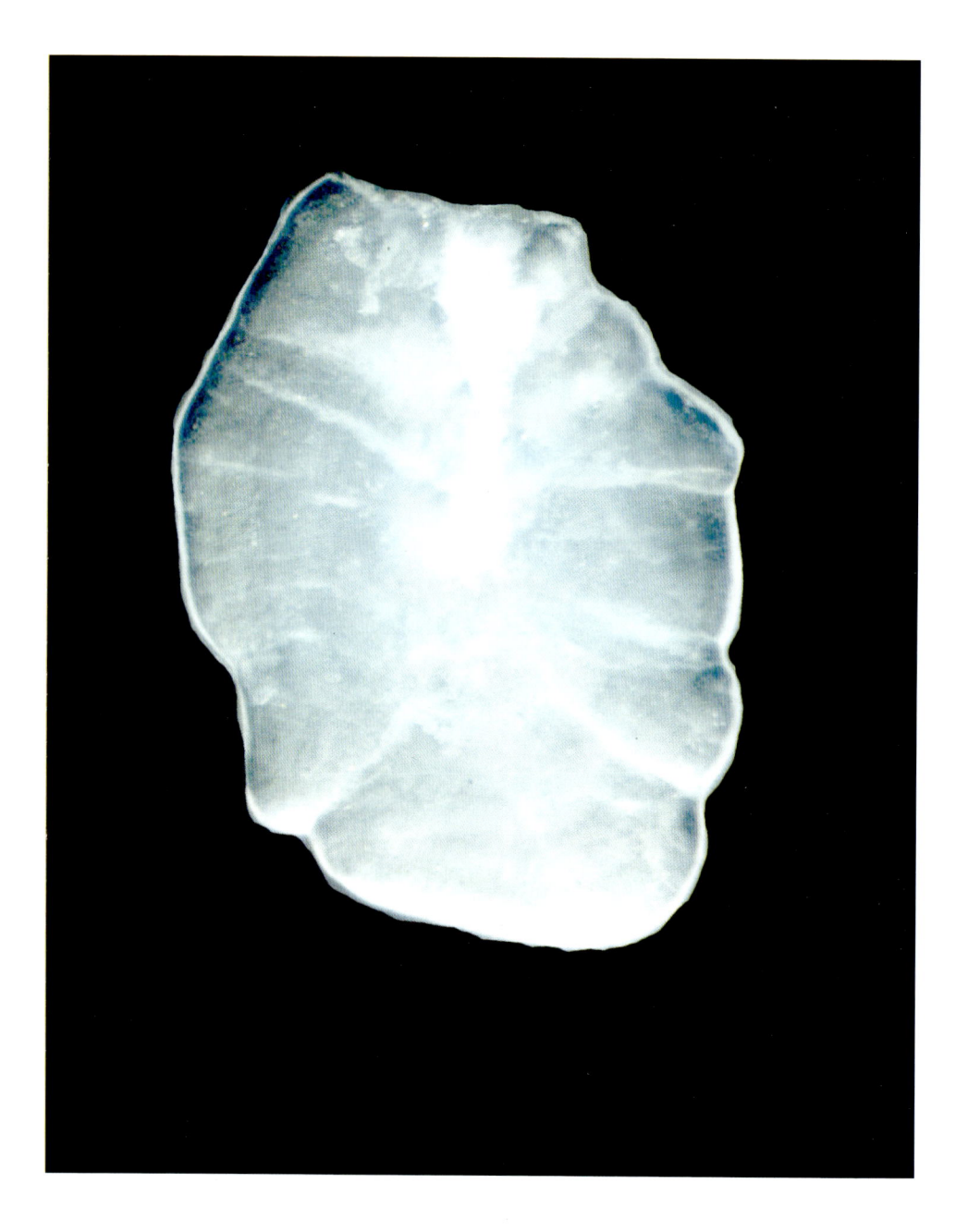

72

光器鱼科 Phosichthyidae

卵圆颌光鱼 *Ichthyococcus ovatus* (Cocco, 1838)

农苏离光鱼 *Woodsia nonsuchae* (Beebe, 1932)

胡瓜鱼目 Osmeriformes

深海鲑科 Bathylagidae

■ 黑渊鲑 *Melanolagus bericoides* (Borodin, 1929)

水珍鱼科 Argentinidae

半带水珍鱼 *Glossanodon semifasciatus* (Kishinouye, 1904)

小口兔鲑科 Microstomatidae

鄂霍茨克深海脂鲑 *Lipolagus ochotensis* (Schmidt, 1938)

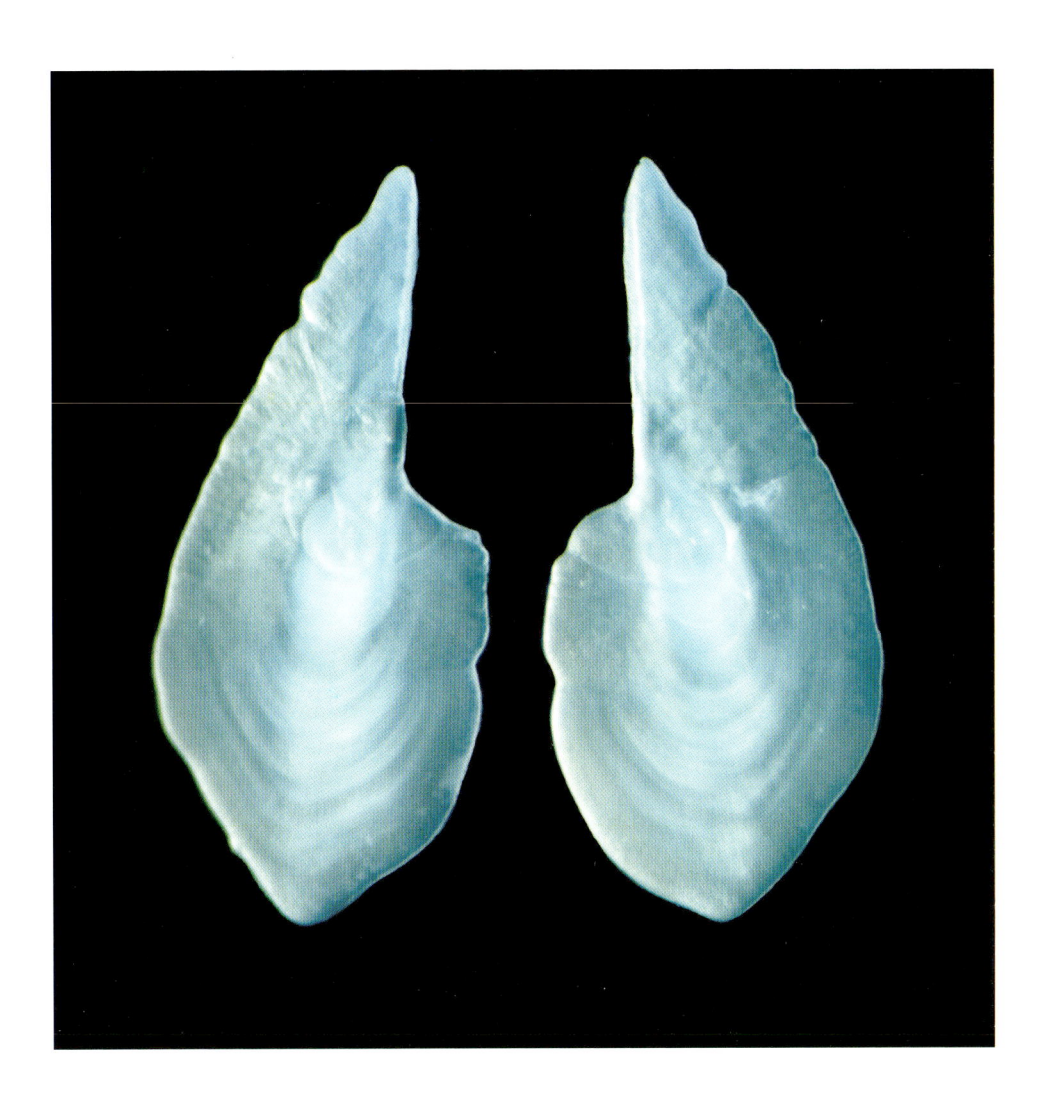

后肛鱼科 Opisthoproctidae

太平洋桶眼鱼 *Macropinna microstoma* Chapman, 1939

鳗鲡目 Anguilliformes
海鳗科 Muraenesocidae

■ 海鳗 *Muraenesox cinereus* (Forsskål, 1775)

鳗鲡目 · 海鳝科

海鳝科 Muraenidae

云纹蛇鳝 *Echidna nebulosa* (Ahl, 1789)

白缘裸胸鳝 *Gymnothorax albimarginatus* (Temminck et Schlegel, 1846)

鳗鲡目·海鳝科

网纹裸胸鳝 *Gymnothorax reticularis* Bloch, 1795

颌针鱼目 Beloniformes

飞鱼科 Exocoetidae

■ 弓头燕鳐 *Cheilopogon arcticeps* (Günther, 1866)

颌针鱼目·飞鱼科

斑鳍燕鳐 *Cypselurus spilopterus* (Cuvier et Valenciennes, 1846)

鳕形目 Gadiformes

深海鳕科 Moridae

灰小褐鳕 *Physiculus nigrescens* Smith et Radcliffe, 1912

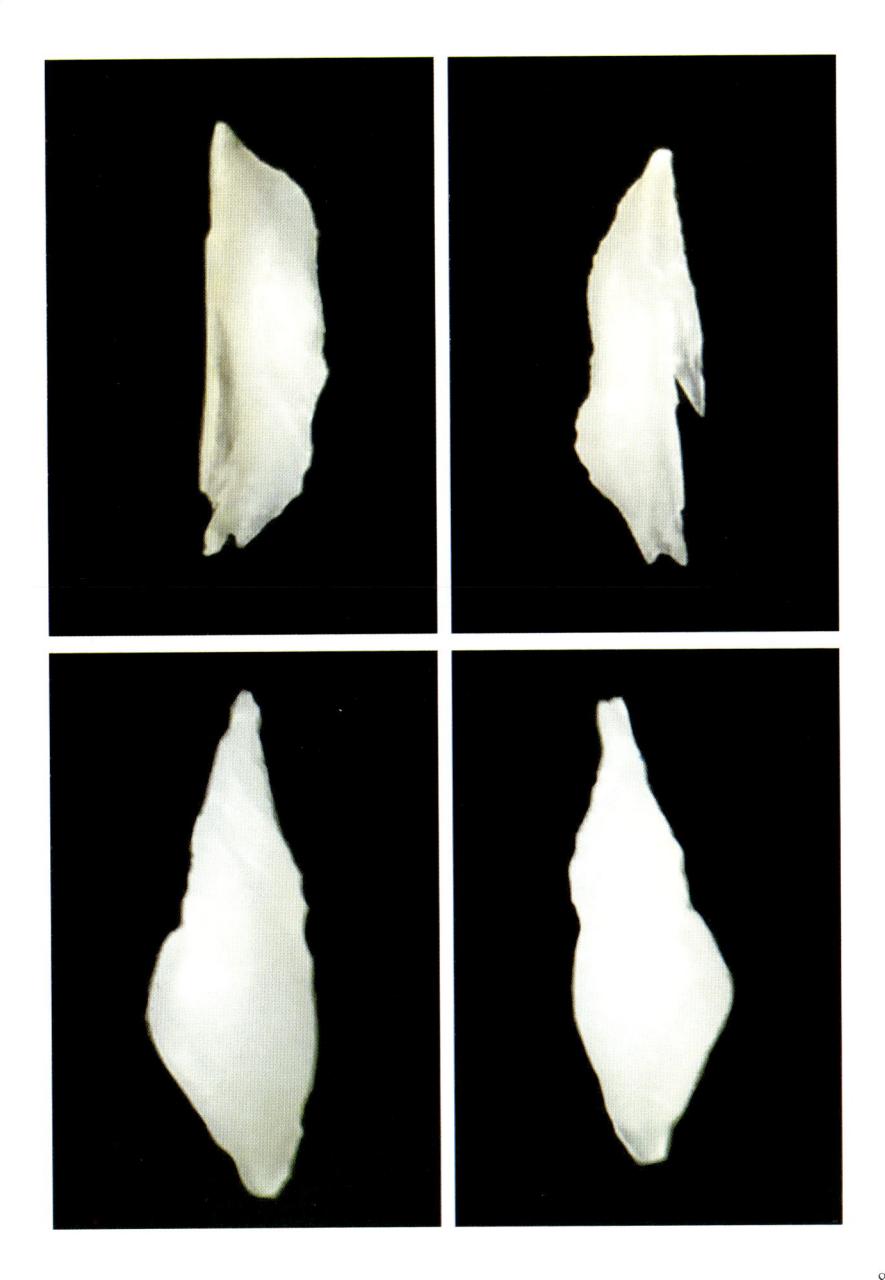

长尾鳕科 Macrouridae

宽头底尾鳕 *Bathygadus antrodes* (Jordan et Starks, 1904)

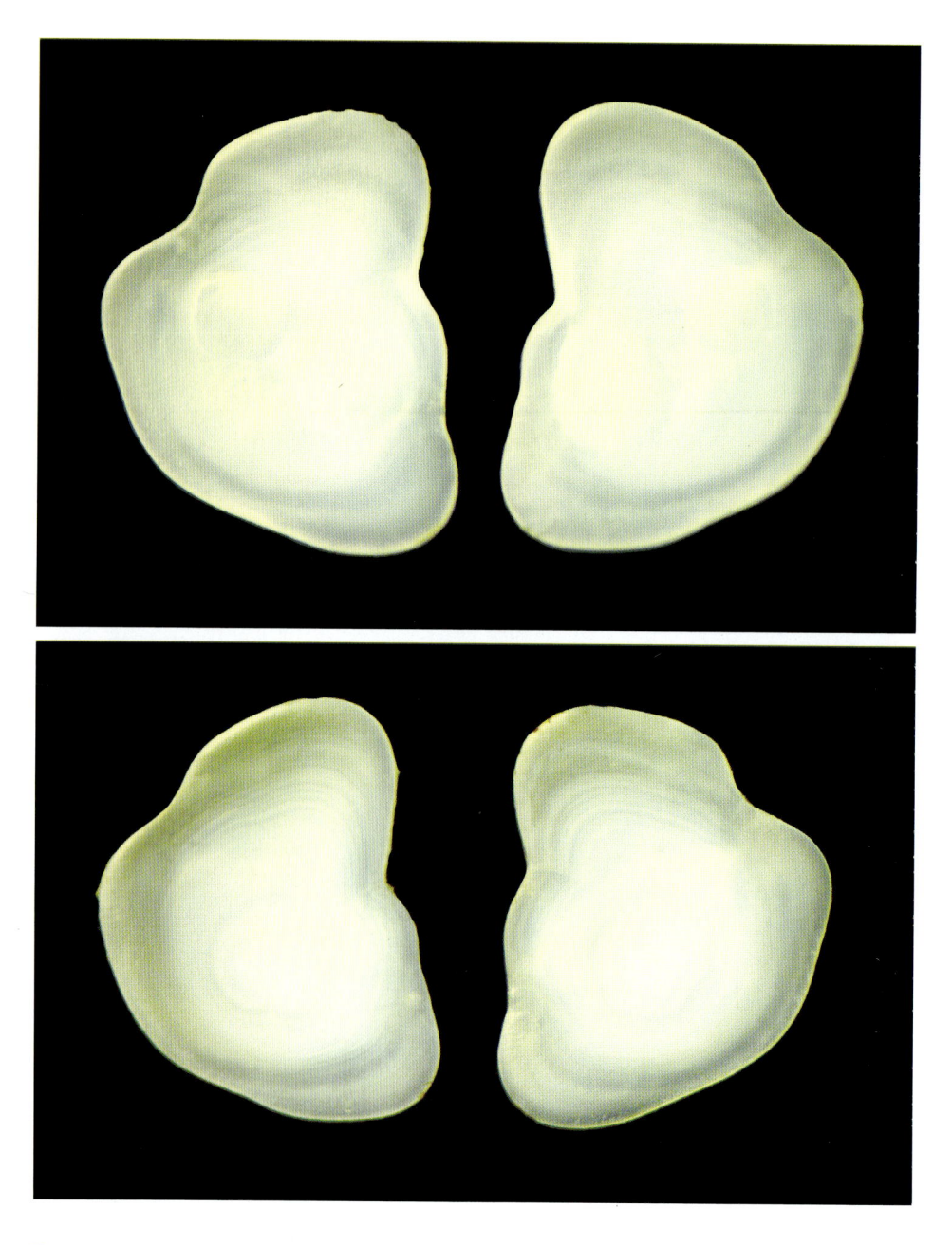

多丝鼠鳕 *Gadomus multifilis* (Günther, 1887)

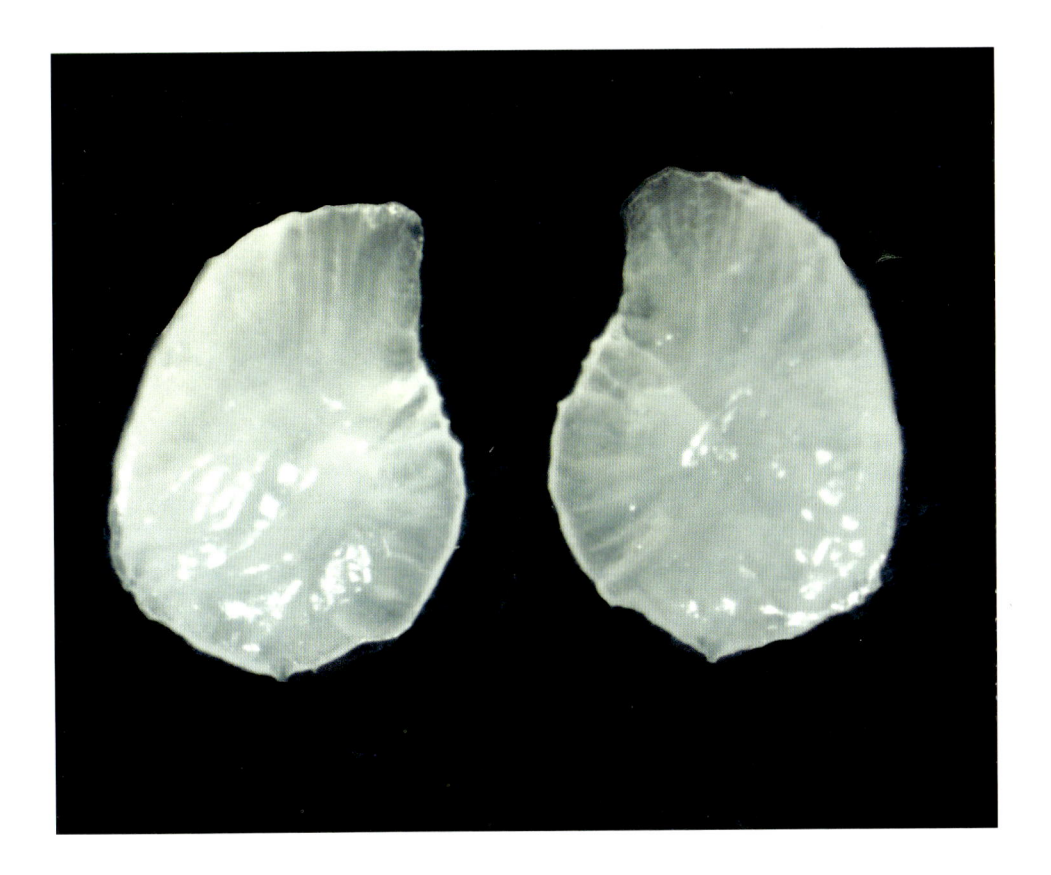

犀鱈科 Bregmacerotidae

麦氏犀鱈 *Bregmaceros mcclellandi* Thompson, 1840

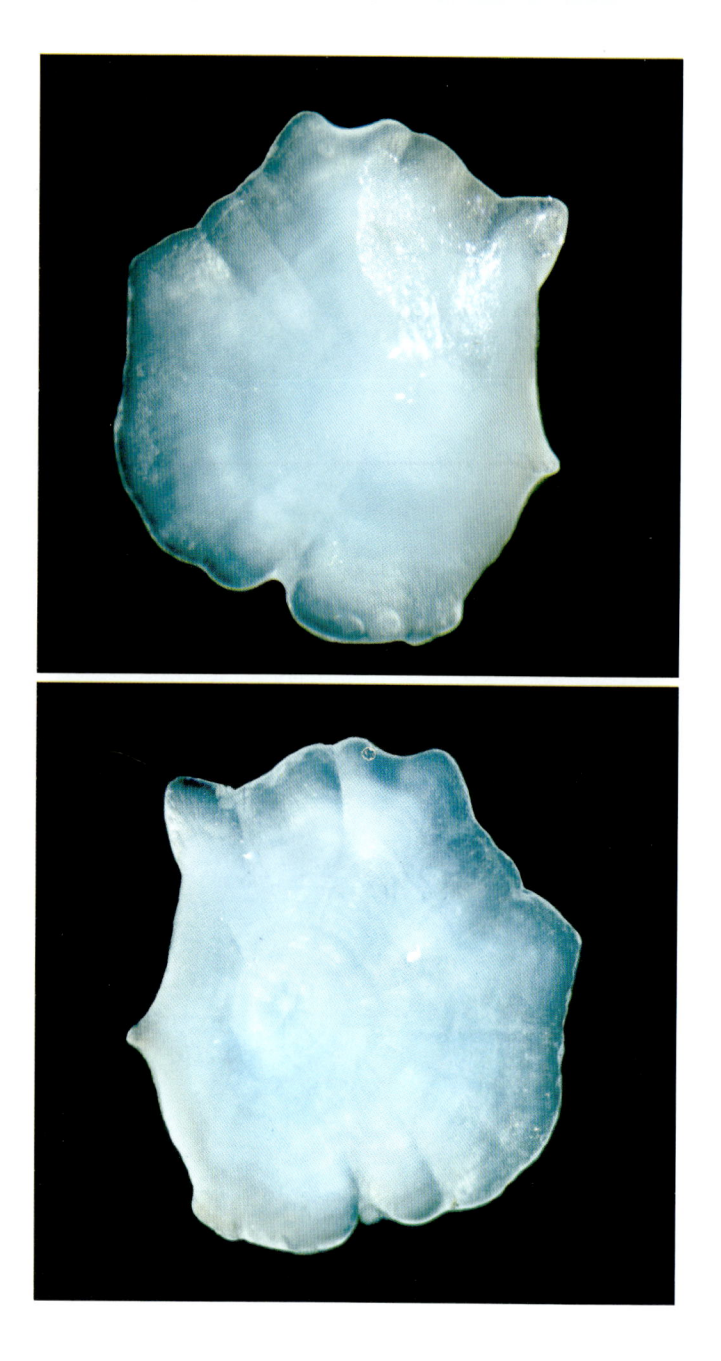

日本犀鳕 *Bregmaceros japonicus* Tanaka, 1908

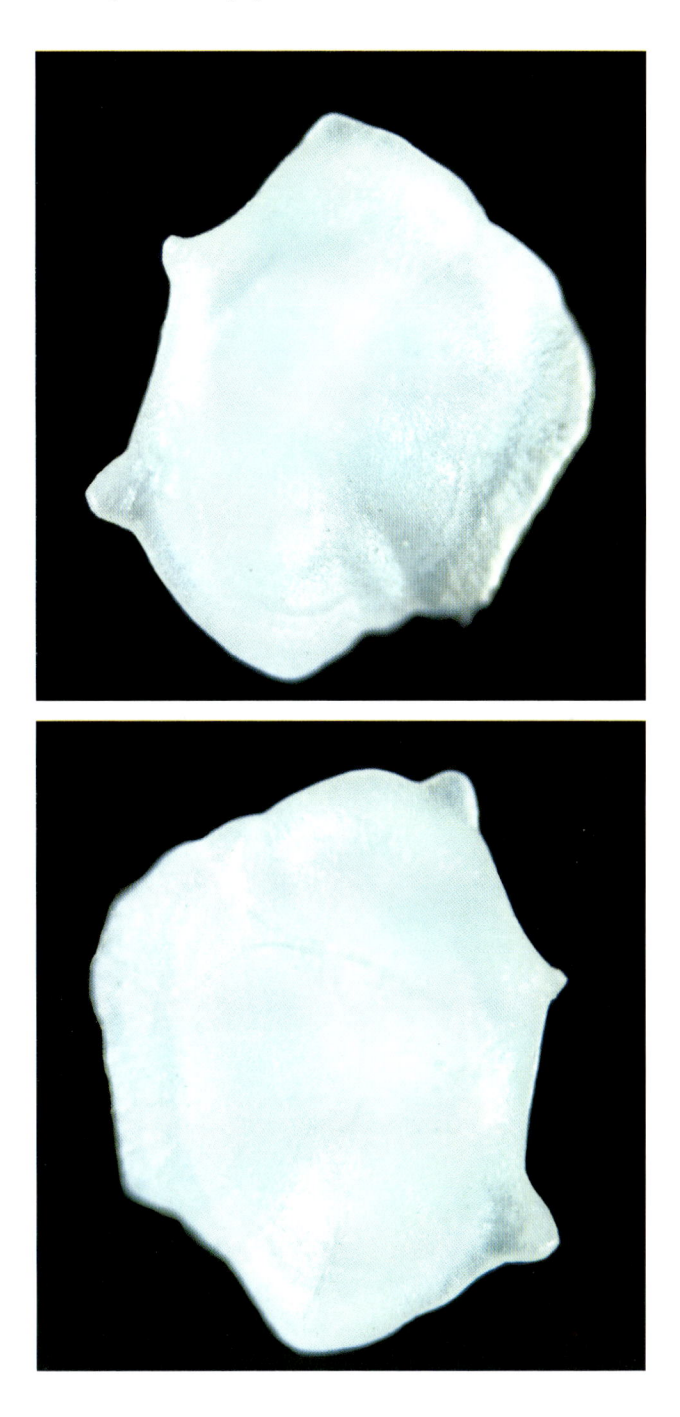

鼬鳚目 Ophidiiformes
鼬鳚科 Ophidiidae

棘鼬鳚 *Hoplobrotula armata* (Temminck et Schlegel, 1846)

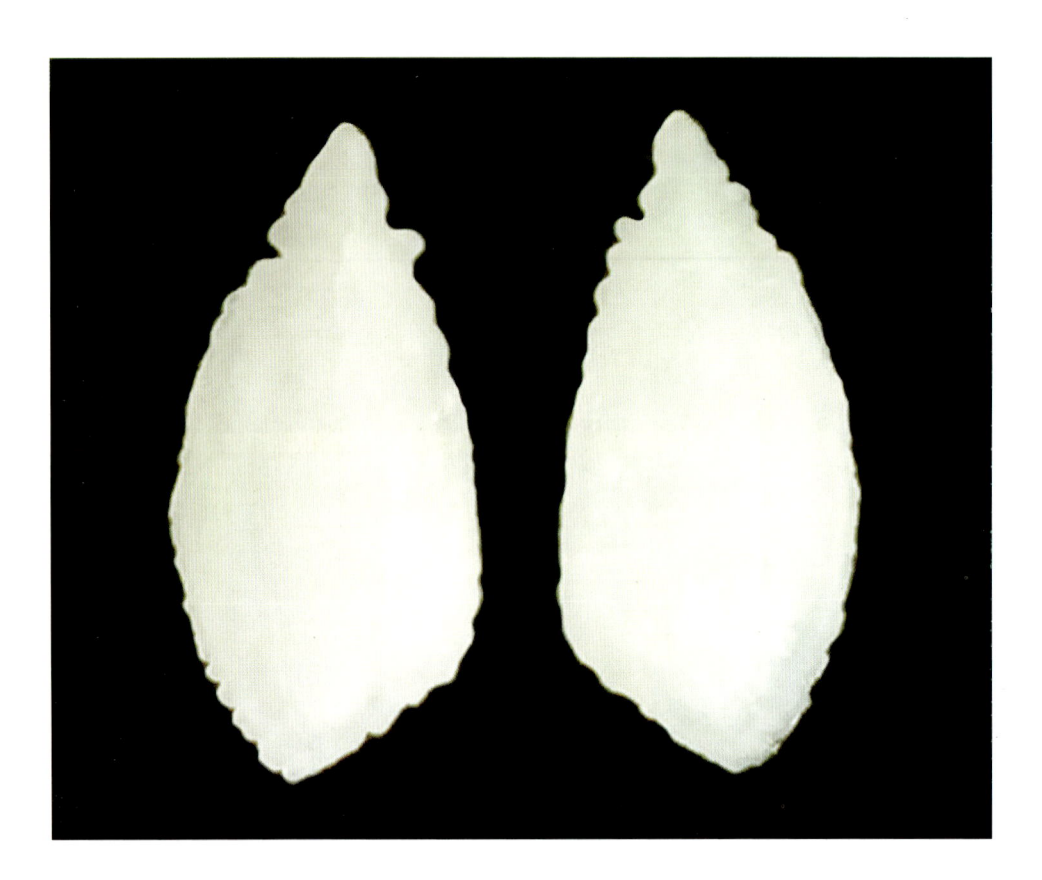

金眼鲷目 Beryciformes
孔头鲷科 Melamphaidae

皮氏鳞孔鲷 *Scopelogadus beanii* (Günther, 1887)

金眼鲷目·孔头鲷科

多鳞孔头鲷 *Melamphaes polylepis* Ebeling, 1962

须鳂科 Polymixiidae

日本须鳂 *Polymixia japonica* Günther, 1877

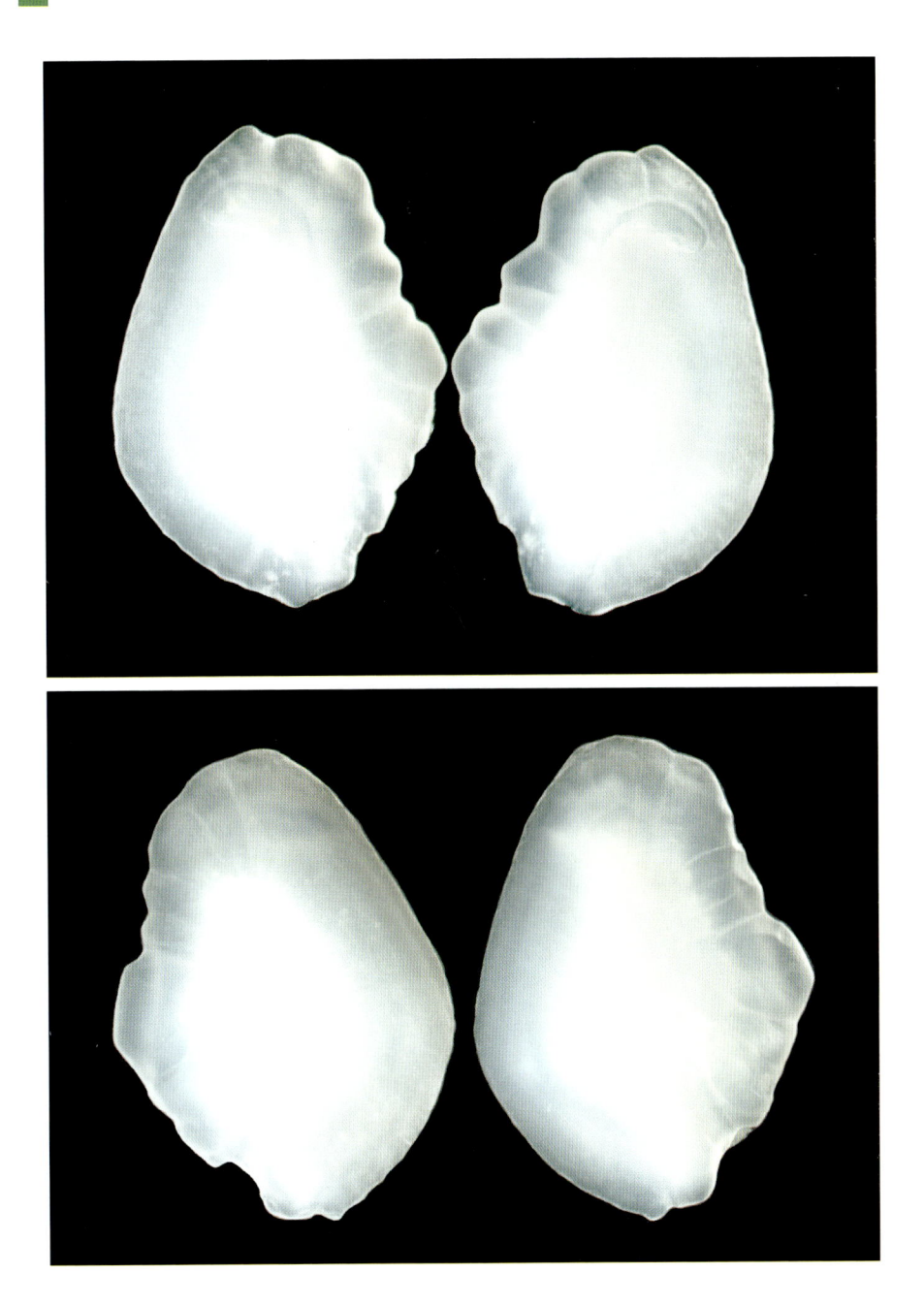

洞鳍鲷科 Diretmidae

银眼鲷 *Diretmus argenteus* Johnson, 1864

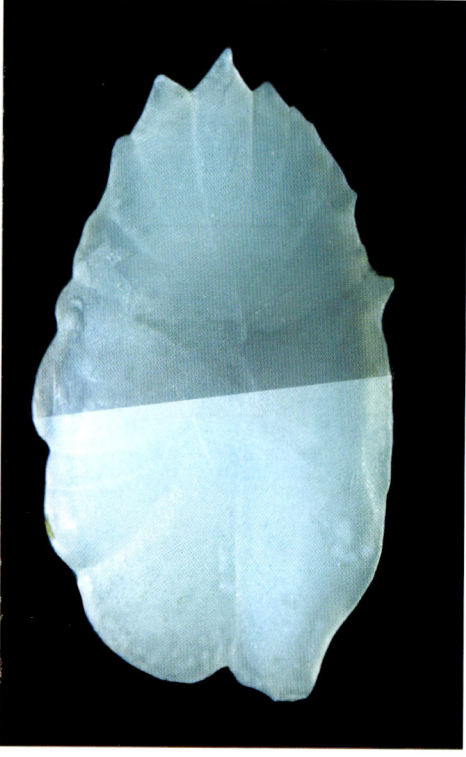

金眼鲷目·金眼鲷科

金眼鲷科 Berycidae

掘氏棘金眼鲷 *Centroberyx druzhinini* (Busakhin, 1981)

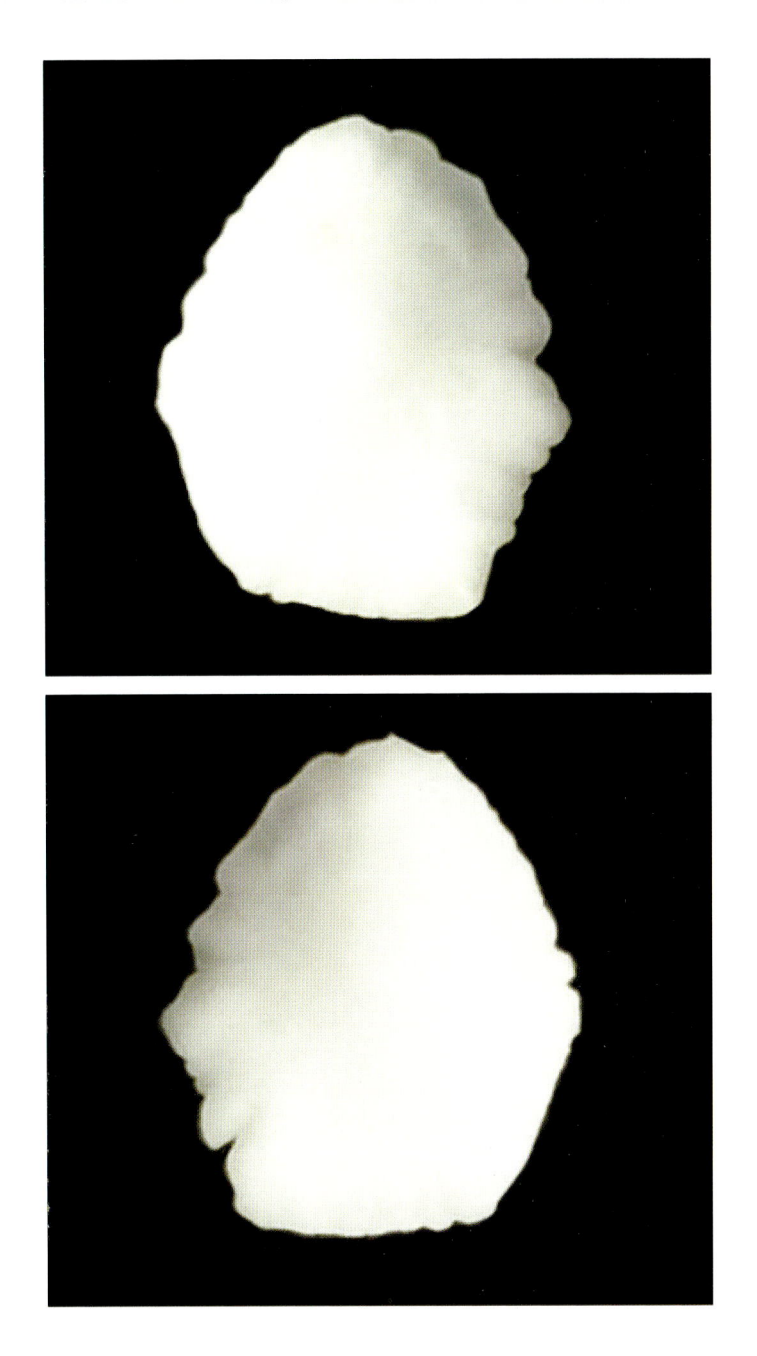

金鳞鱼科 Holocentridae

沈氏骨鳞鱼 *Ostichthys Sheni* Chen, Shao et Mok, 1990

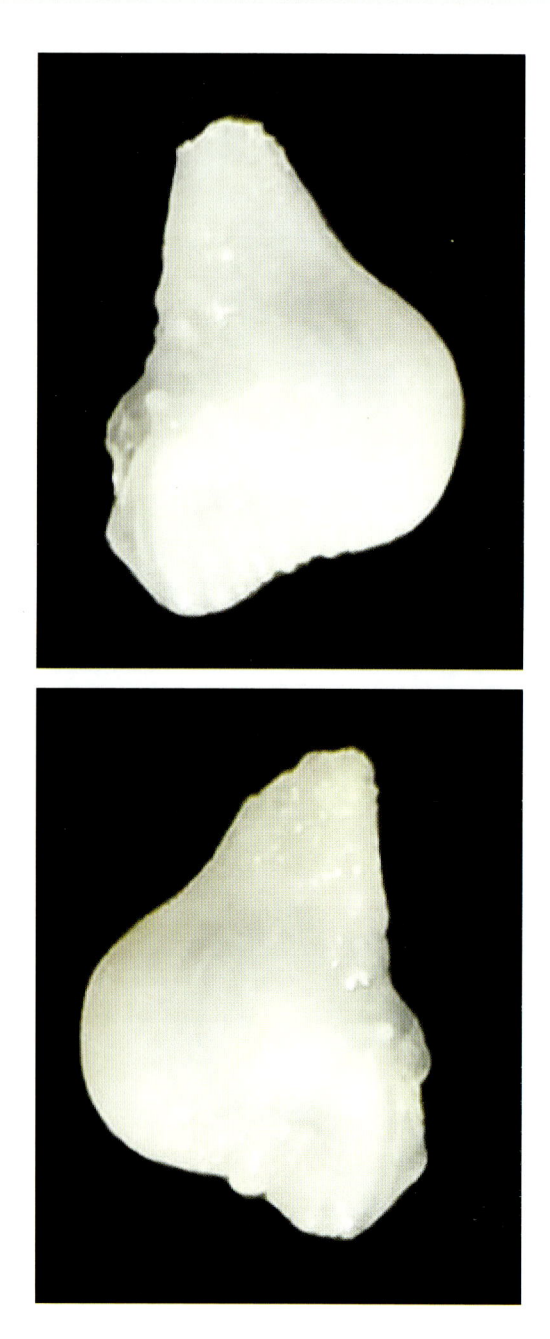

康德锯鳞鱼 *Myripristis kuntee* Valenciennes, 1831

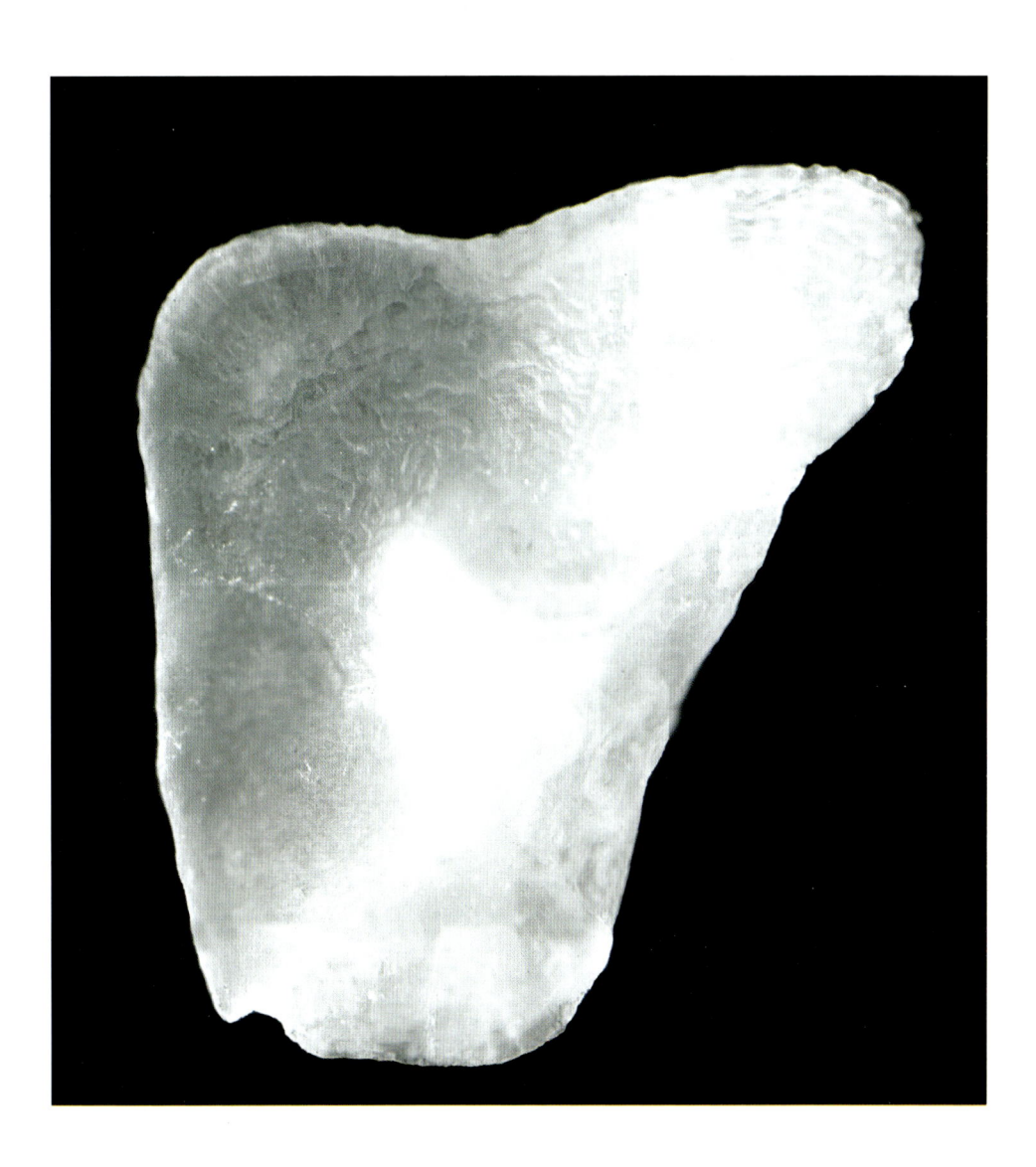

金眼鲷目·金鳞鱼科

莎姆新东洋金鳞鱼 *Neoniphon sammara* (Forsskål, 1775)

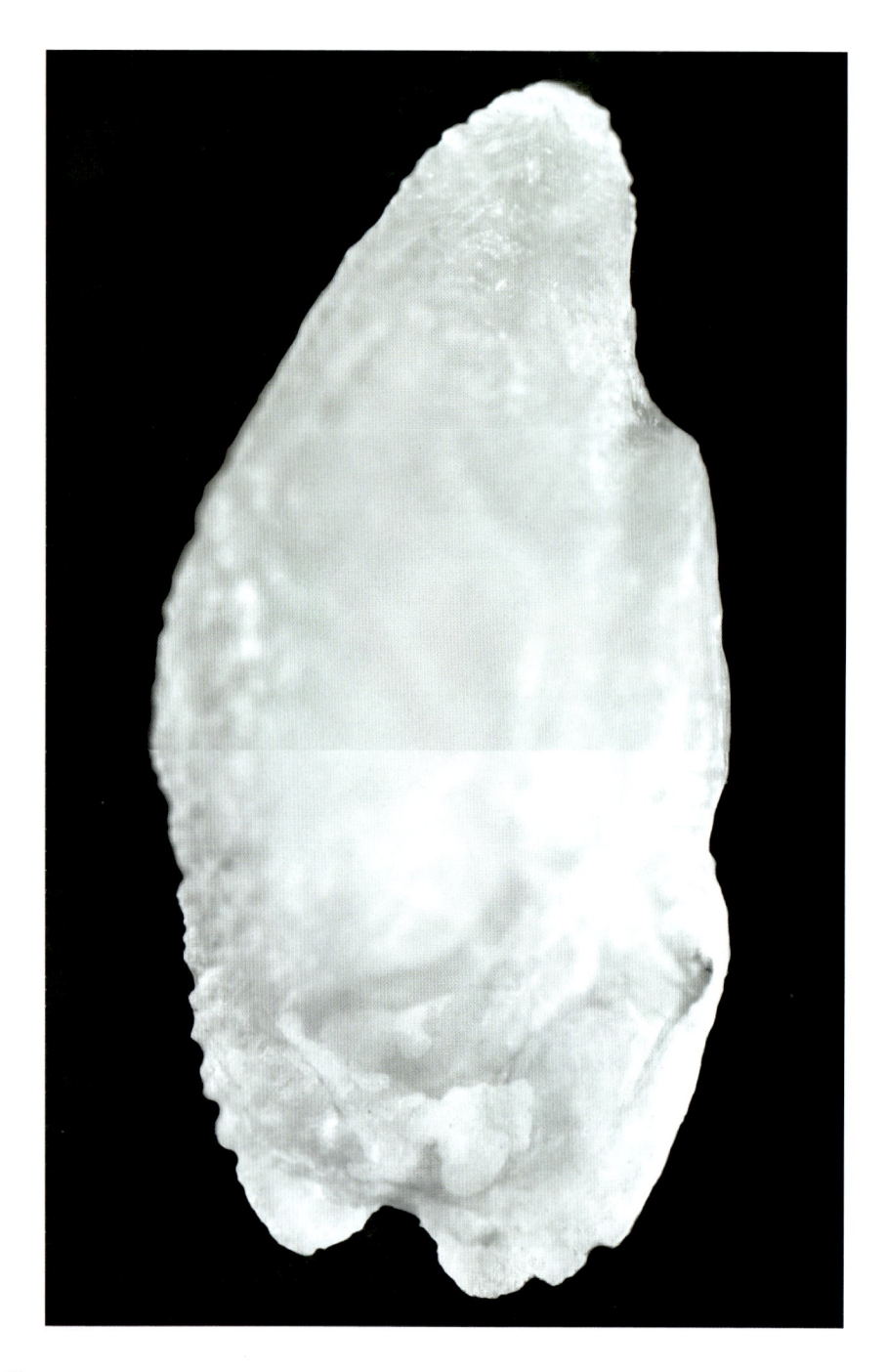

金眼鲷目·金鳞鱼科

银新东洋鳂 *Neoniphon argenteus* (Valenciennes, 1831)

金眼鲷目·金鳞鱼科

赤鳍棘鳞鱼 *Sargocentron tiere* (Cuvier, 1829)

金眼鲷目·金鳞鱼科

角棘鳞鱼 *Sargocentron cornutum* (Bleeker, 1853)

金眼鲷目 · 金鳞鱼科

黑鳍棘鳞鱼 *Sargocentron diadema* (Lacepède, 1802)

金眼鲷目·金鳞鱼科

尖吻棘鳞鱼 *Sargocentron spiniferum* (Forsskål, 1775)

103

金眼鲷目 · 金鳞鱼科

银带棘鳞鱼 *Sargocentron ittodai* (Jordan et Fowler, 1902)

松球鱼科 Monocentridae

日本松球鱼 *Monocentris japonica* (Houttuyn, 1782)

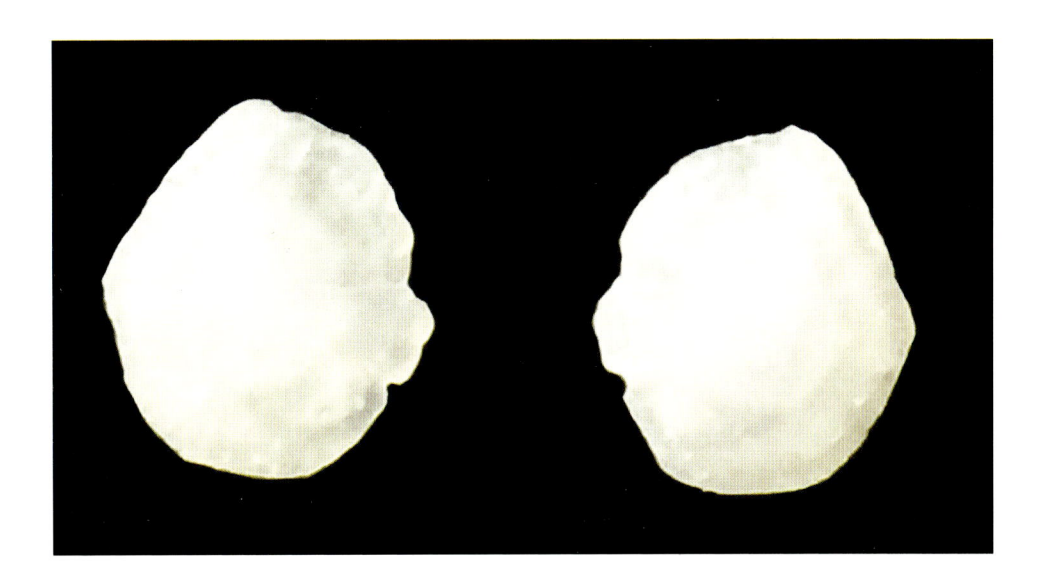

海鲂目 Zeiformes

海鲂科 Zeidae

小海鲂 *Zenion hololepis* (Goode et Bean, 1896)

海鲂目·海鲂科

雨印亚海鲂 *Zenopsis nebulosa* (Temminck et Schlegel, 1845)

海鲂目·海鲂科

似海鲂 *Cyttopsis rosens* (Lowe, 1843)

菱鲷科 Antigonidae

高菱鲷 *Antigonia capros* Lowe, 1843

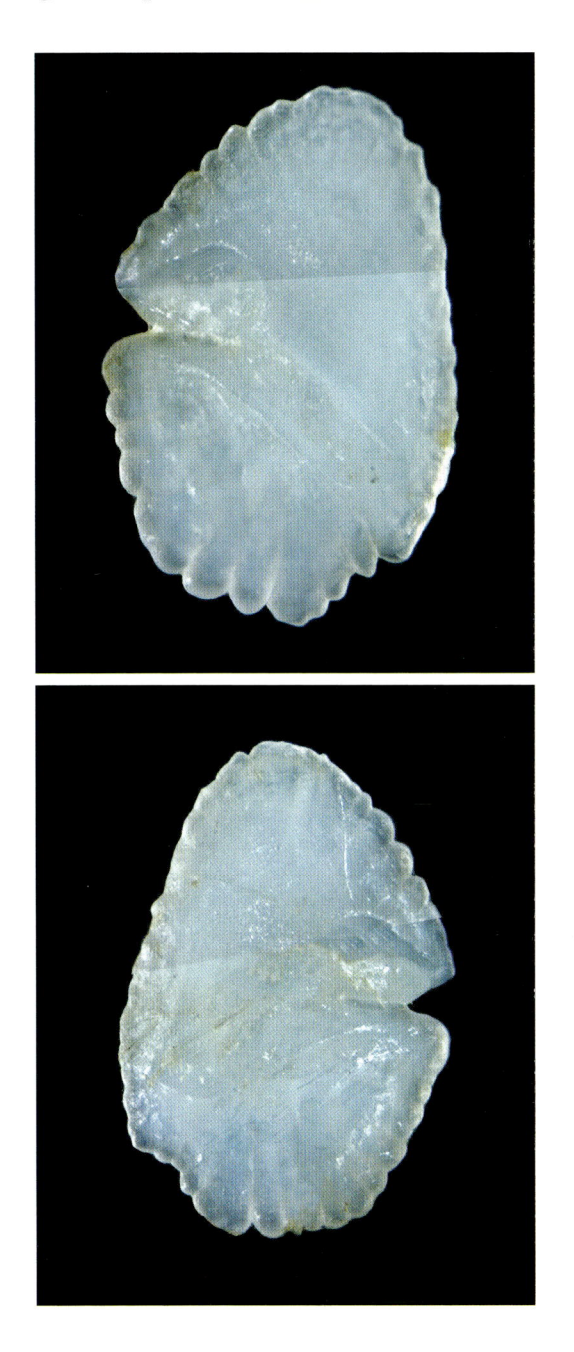

海鲂目 · 菱鲷科

红菱鲷 *Antigonia rubescens* (Günther, 1860)

鲈形目 Perciformes
鮨科 Serranidae

侧斑赤鮨 *Chelidoperca pleurospilus* (Günther, 1880)

鲈形目 · 鮨科

燕赤鮨 *Chelidoperca hirundinacea* (Valenciennes, 1831)

珠赤鮨 *Chelidoperca margaritifera* Weber, 1913

鲈形目·鮨科

姬鮨 *Tosana niwae* Smith et Pope, 1906

鲈形目 · 鮨科

日本尖牙鲈 *Synagrops japonicus* (Döderlein, 1883)

腹棘尖牙鲈 *Synagrops philippinensis* (Günther, 1880)

鲈形目·鮨科

■ 豹纹九棘鲈 *Cephalopholis leopardus* (Lacépède, 1801)

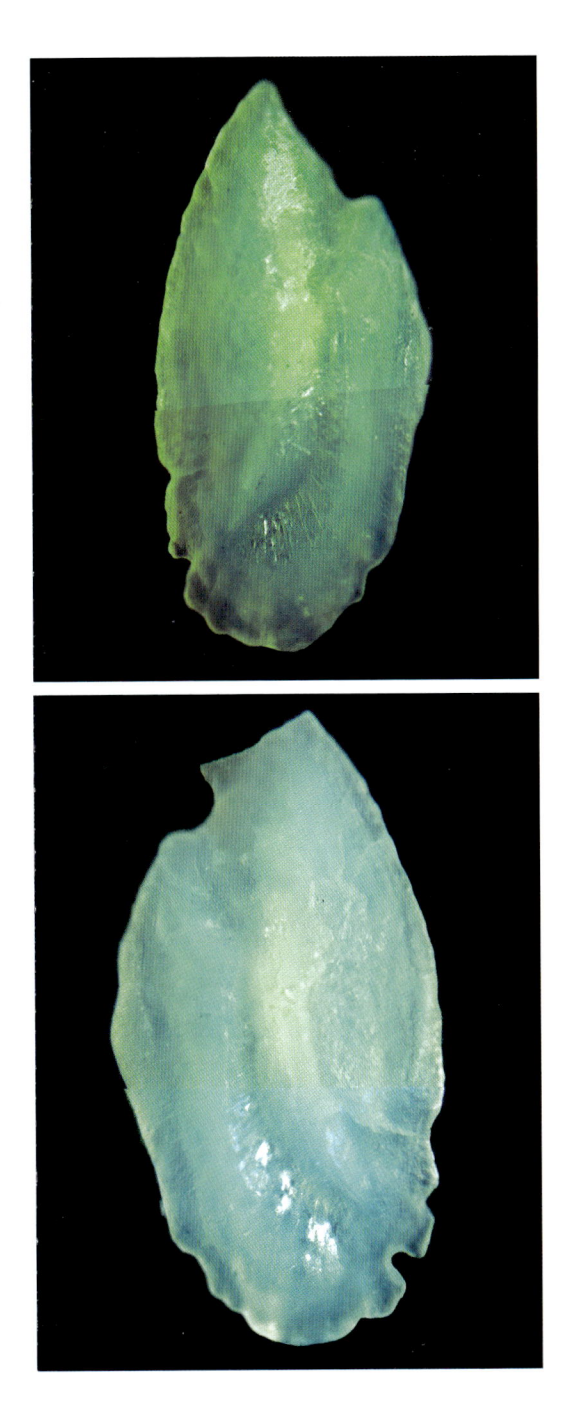

尾纹九棘鲈 *Cephalopholis urodeta* (Forster, 1801)

宝石石斑鱼 *Epinephelus areolatus* (Forsskål, 1775)

鲈形目·鮨科

蜂巢石斑鱼 *Epinephelus merra* Bloch, 1793

黑边石斑鱼 *Epinephelus fasciatus* (Forsskål, 1775)

鲈形目·发光鲷科

发光鲷科 Acropomidae

须软鱼 *Malakichthys barbatus* Yamanous & Toseda, 2001

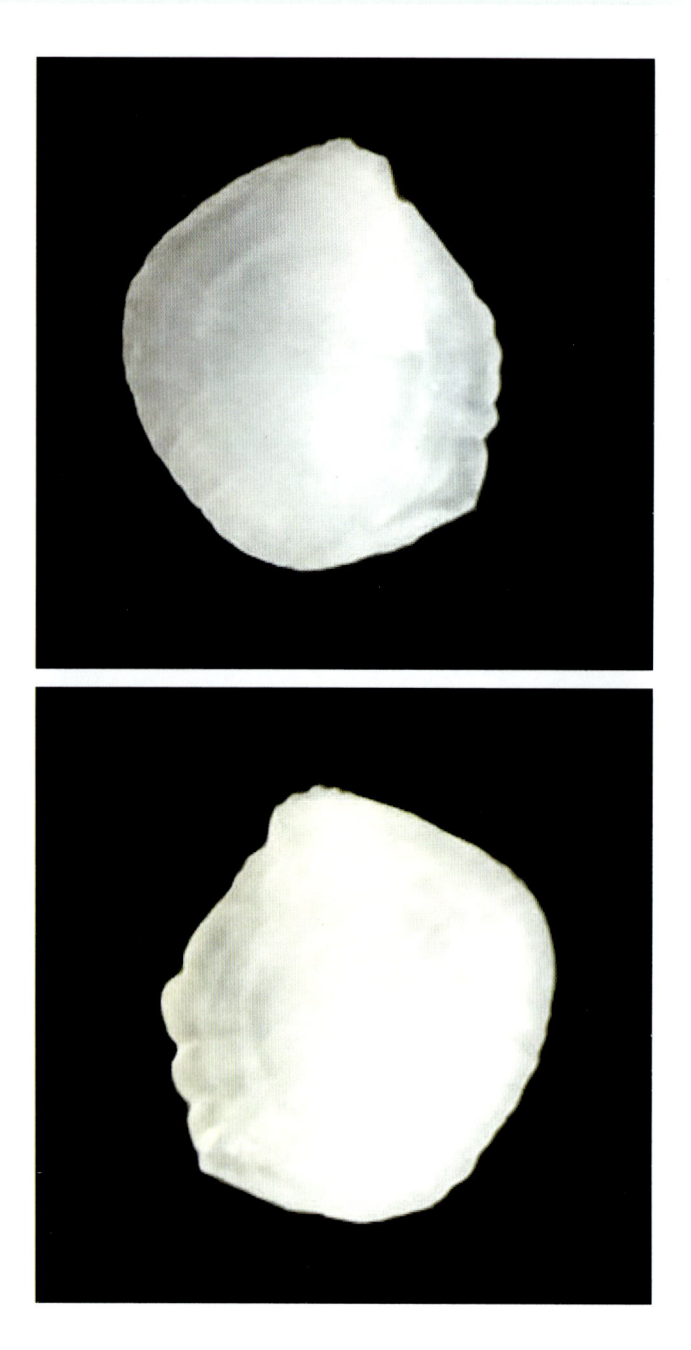

日本发光鲷 *Acropoma japonicum* Günther, 1859

弱棘鱼科 Malacanthidae

短吻弱棘鱼 *Malacanthus brevirostris* Guichenot, 1848

鲹科 Carangidae

无斑圆鲹 *Decapterus kurroides* Bleeker, 1855

鲈形目·鲹科

■ 金带细鲹 *Selaroides leptolepis* (Cuvier, 1833)

高体若鲹 *Carangoides equula* (Temminck et Schlegel, 1844)

鲈形目·乌鲂科

乌鲂科 Bramidae

日本乌鲂 *Brama japonica* Hilgendorf, 1878

笛鲷科 Lutjanidae

尖齿紫鱼 *Pristipomoides typus* Bleeker, 1852

鲈形目·笛鲷科

黑背羽鳃笛鲷 *Macolor niger* (Forsskål, 1775)

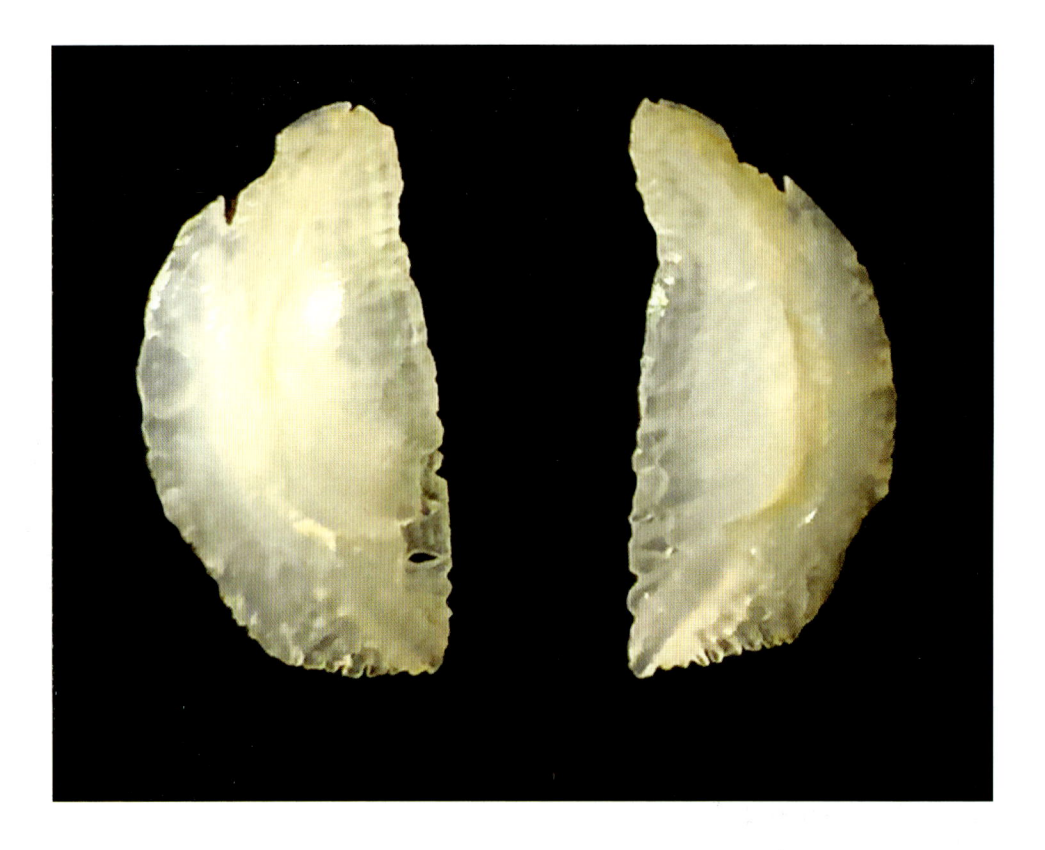

鲈形目·笛鲷科

四带笛鲷 *Lutjanus kasmira* (Forsskål, 1775)

鲈形目 · 笛鲷科

单斑笛鲷 *Lutjanus monostigma* (Cuvier et Valenciennes, 1828)

鲈形目·笛鲷科

金带梅鲷 *Pterocaesio chrysozona* (Cuvier, 1830)

133

画眉笛鲷 *Lutjanus vitta* (Quoy et Gaimard, 1824)

鲈形目·笛鲷科

绿短鳍笛鲷 *Aprion virescens* Valenciennes, 1830

鲈形目 · 笛鲷科

黑带鳞鳍梅鲷 *Pterocaesio tile* (Cuvier, 1830)

裸颊鲷科 Lethrinidae

红裸颊鲷 *Lethrinus rubrioperculatus* Sato, 1978

鲈形目 · 裸颊鲷科

金带齿颌鲷 *Gnathodentex aureolineatus* (Lacépède, 1802)

鲷科 Sparidae

黄牙鲷 *Dentex tumifrons* (Temminck et Schlegel, 1843)

松鲷科 Lobotidae

松鲷 *Lobotes surinamensis* (Bloch, 1790)

叉齿鱼科 Chiasmodontidae

黑体拟灯鱼 *Pseudoscopelus scriptus* Lütken, 1892

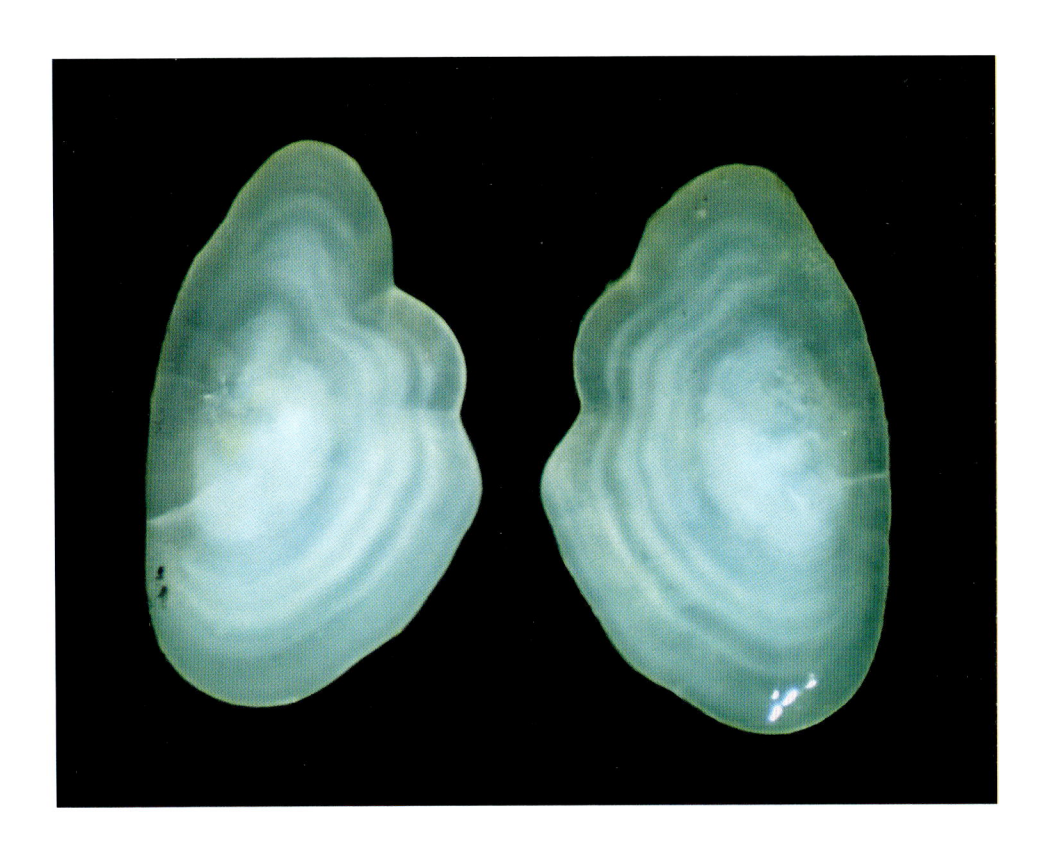

拟鲈科 Pinguipedidae

四斑拟鲈 *Parapercis clathrata* Ogilby, 1910

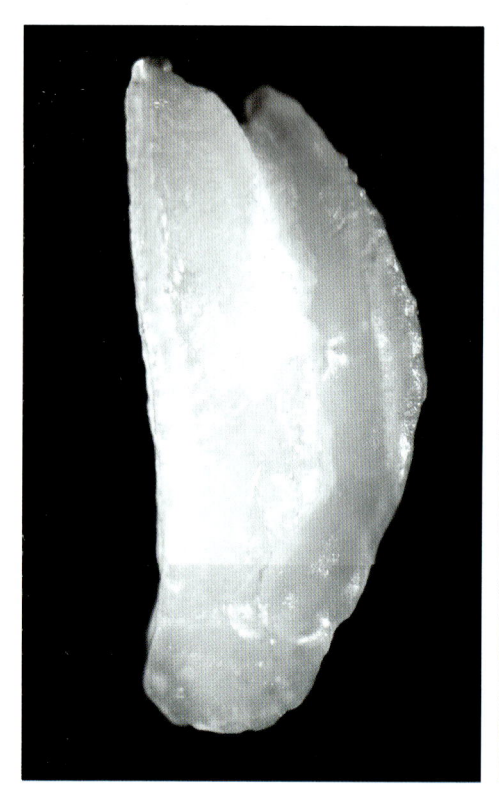

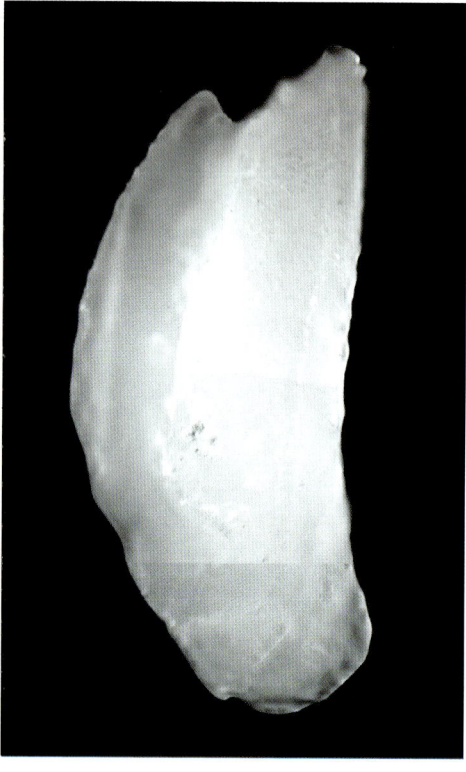

多斑拟鲈 *Parapercis hexophthalma* (Cuvier, 1829)

蝴蝶鱼科 Chaetodontidae

金口马夫鱼 *Heniochus chrysostomus* Cuvier, 1831

鲈形目 · 蝴蝶鱼科

叉纹蝴蝶鱼 *Chaetodon rafflesii Anonymous* Bennett, 1830

朴蝴蝶鱼 *Chaetodon modestus* Temminck et Schlegel, 1844

耳纹蝴蝶鱼 *Chaetodon auripes* Jordan et Snyder, 1901

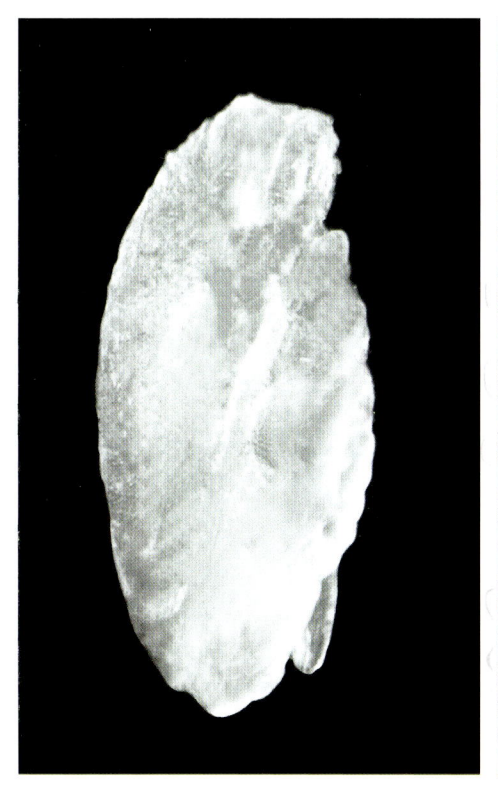

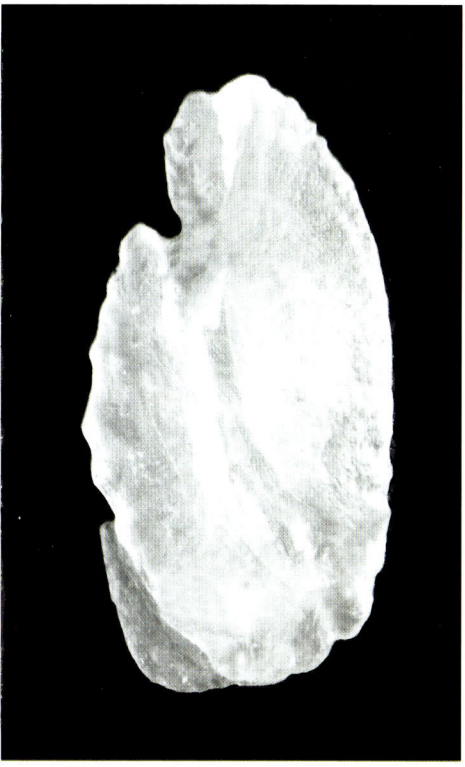

鲈形目·帆鳍鱼科

帆鳍鱼科 Pentacerotidae

帆鳍鱼 *Histiopterus typus* Temminck et Schlegel, 1844

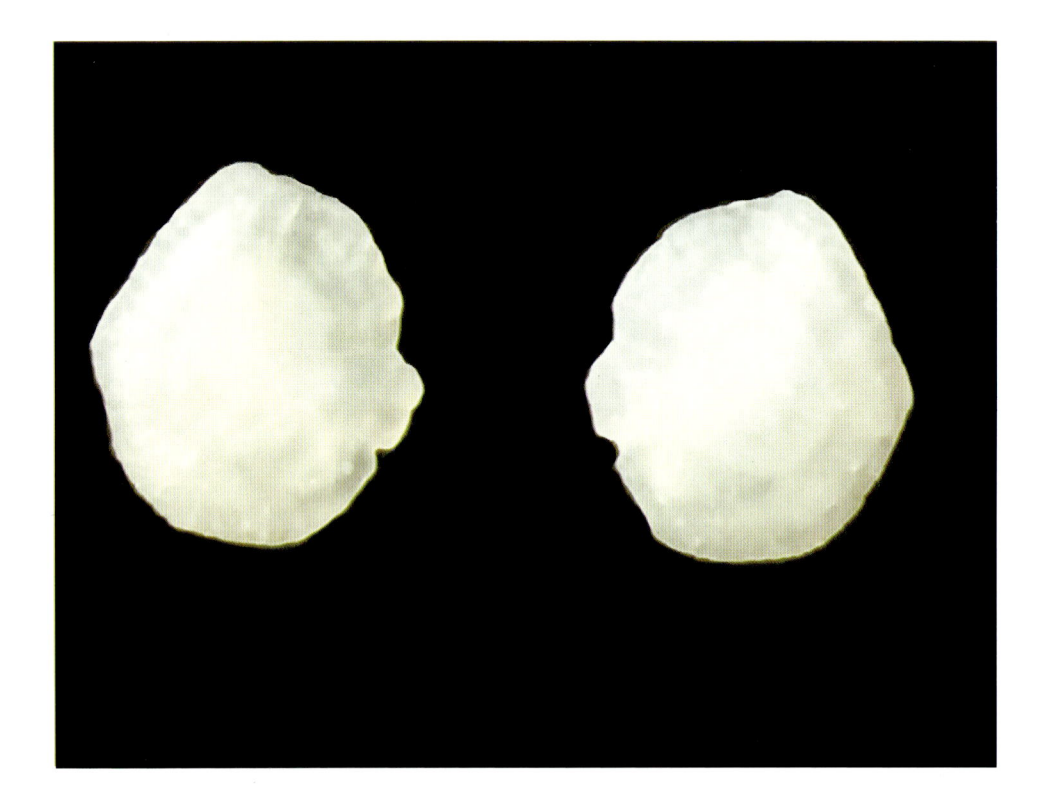

赤刀鱼科 Cepolidae

背点棘赤刀鱼 *Acanthocepola limbata* (Valenciennes, 1835)

鲈形目·赤刀鱼科

赤刀鱼 *Cepola schlegeli* Bleeker, 1854

土佐欧氏䱛 *Owstonia tosaensis* (Kamohara, 1934)

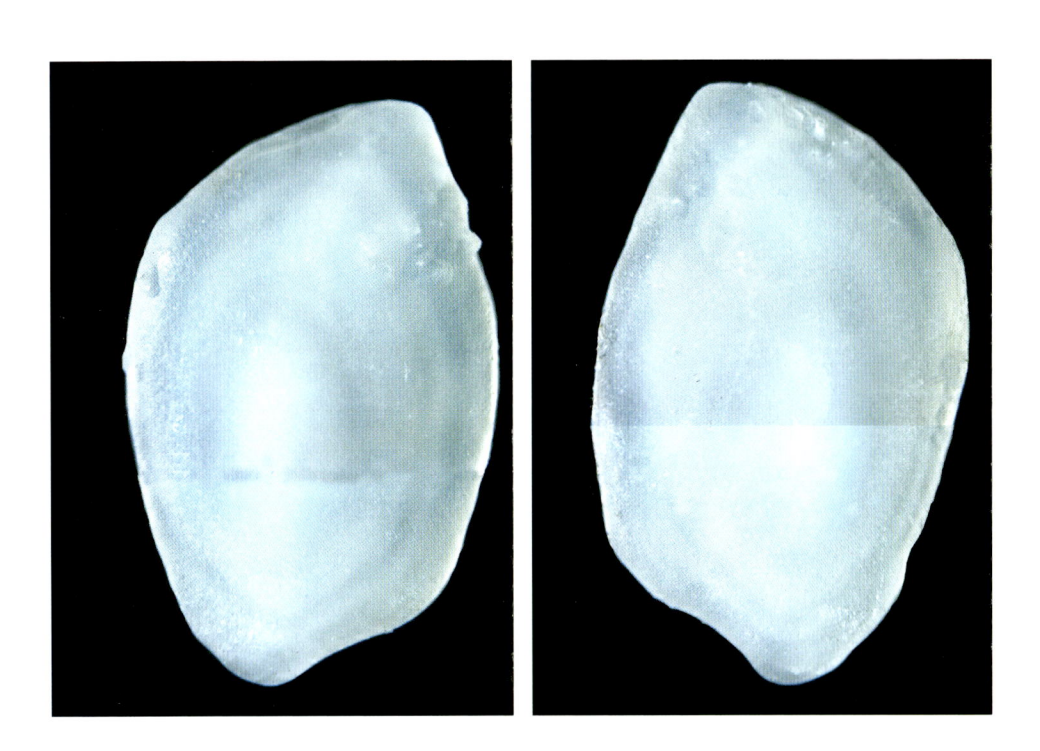

鳄齿鱼科 Champsodontidae

弓背鳄齿鱼 *Champsodon atridorsalis* Ochiai et Nakamura, 1964

鲈形目·鳄齿鱼科

短鳄齿鱼 *Champsodon snyderi* Franz, 1910

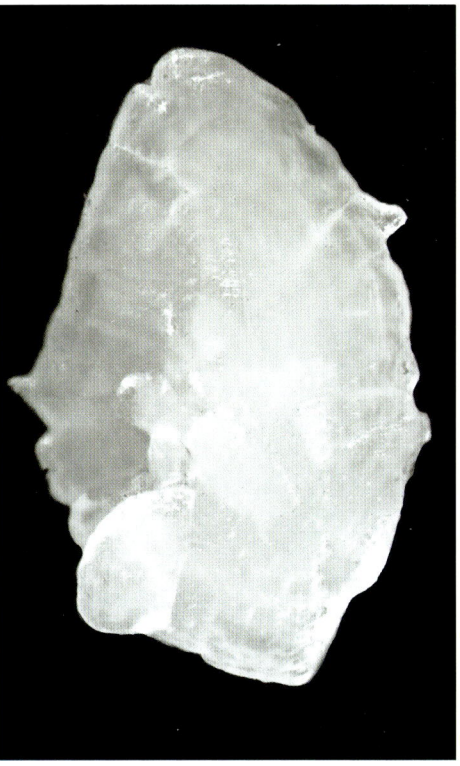

眶棘鲈科 Scolopsidae

横带副眶棘鲈 *Parascolopsis inermis* (Temminck et Schlegel, 1843)

蓝带眶棘鲈 *Scolopsis xenochroa* Günther, 1872

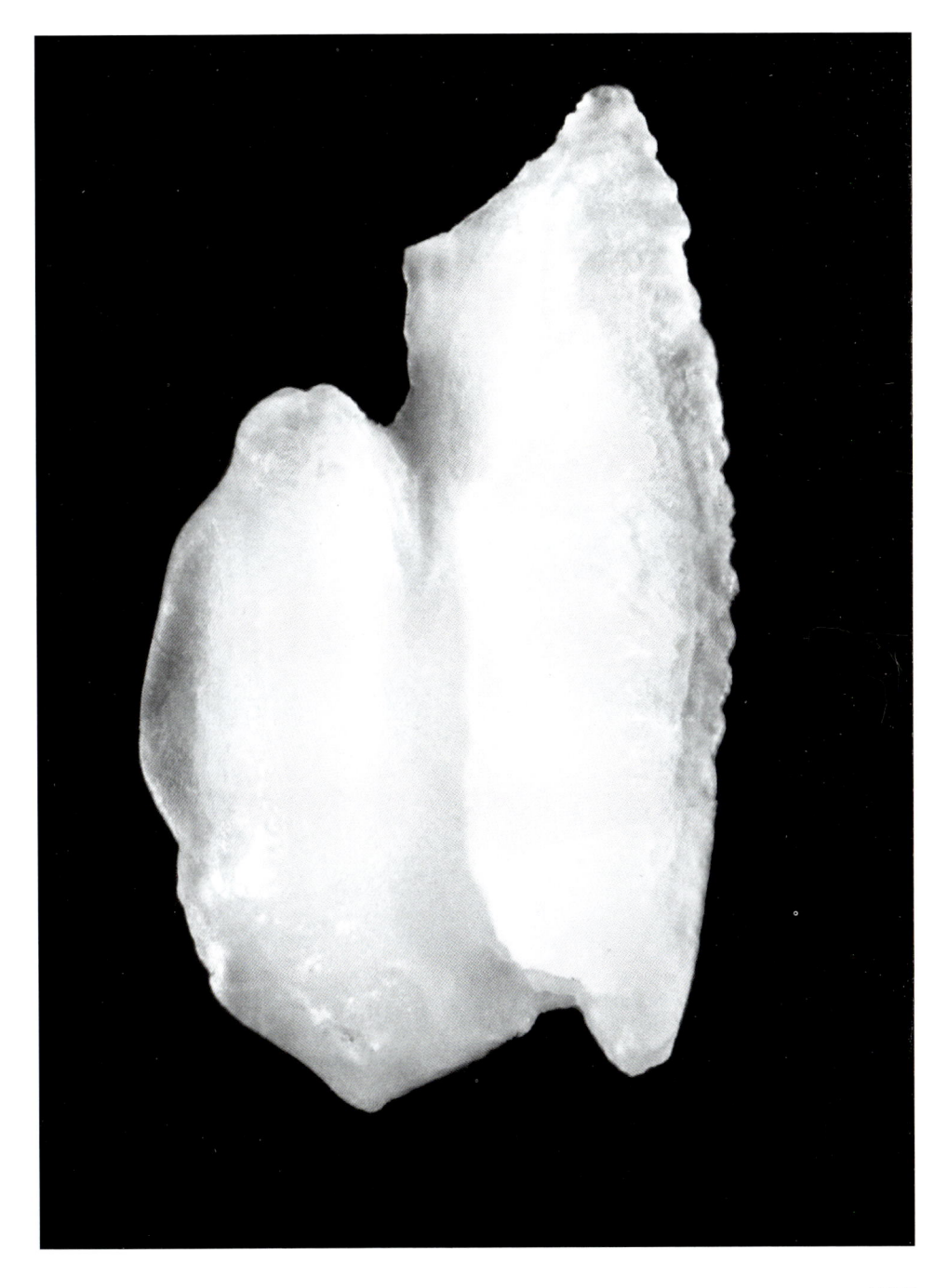

鲈形目·眶棘鲈科

双线眶棘鲈 *Scolopsis bilineatus* (Bloch, 1793)

日本副眶棘鲈 *Parascolopsis tosensis* (Kamohara, 1938)

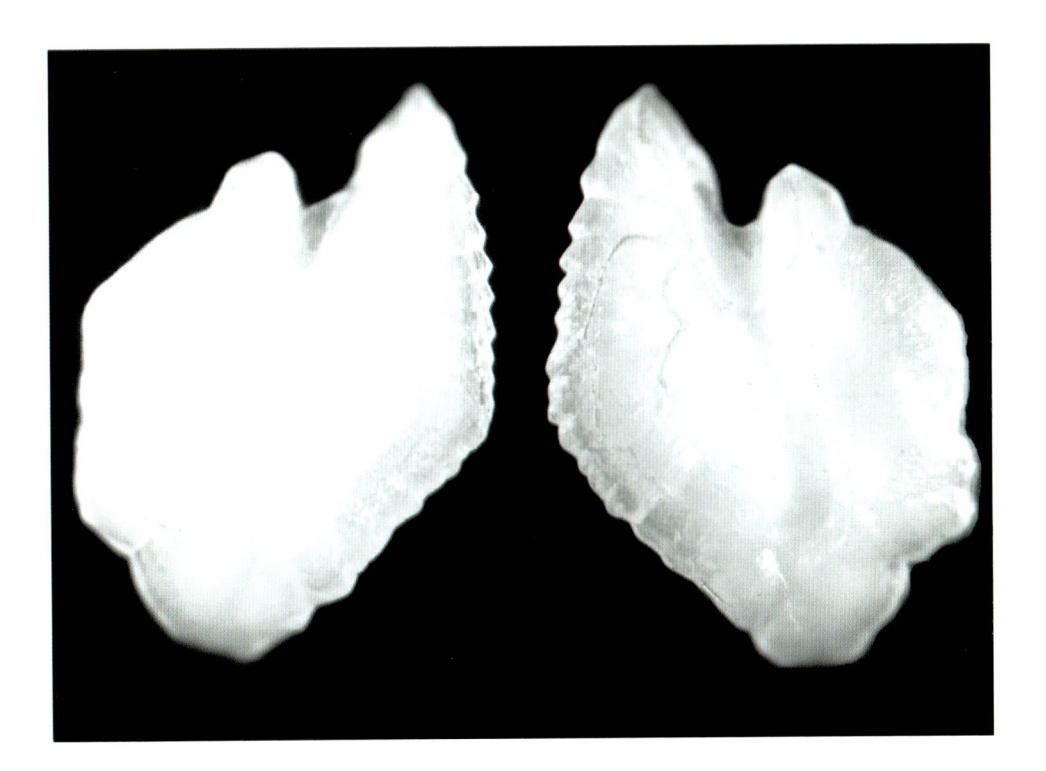

石鲈科 Haemulidae

纵带髭鲷 *Hapalogenys kishinouyei* Smith et Pope, 1906

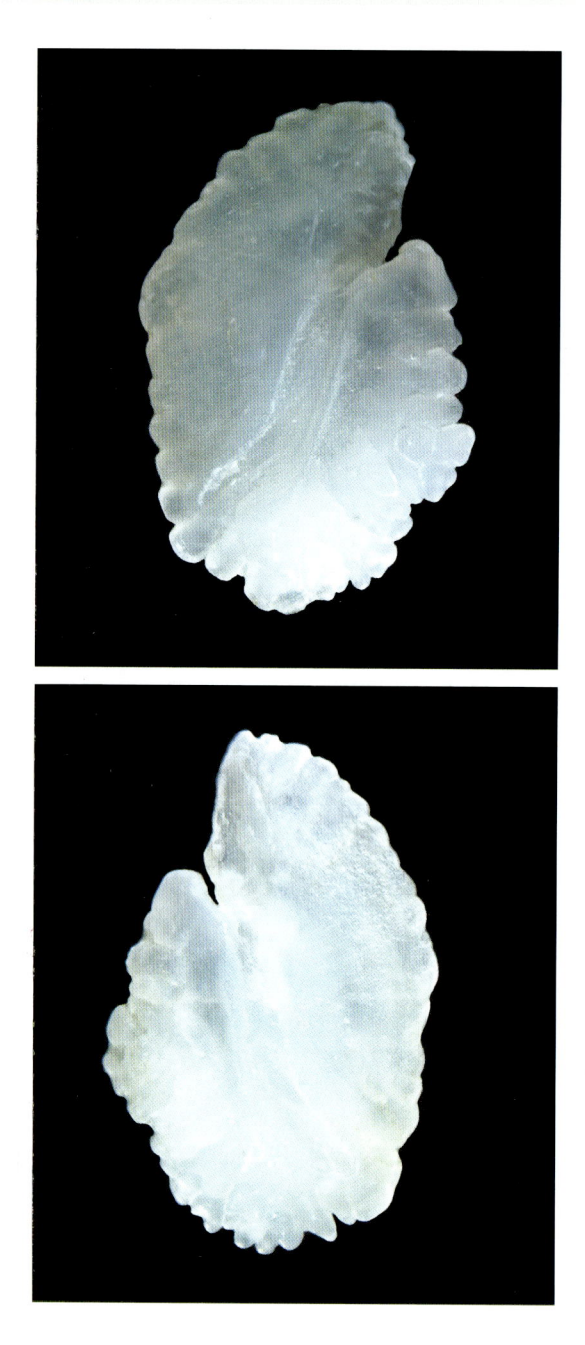

鲈形目·石鲈科

横带髭鲷 *Hapalogenys analis* Richardson, 1845

羊鱼科 Mullidae

多带副鲱鲤 *Parupeneus multifasciatus* (Quoy et Gaimard, 1825)

鲈形目·羊鱼科

■ 黑斑副鲱鲤 *Parupeneus pleurostigma* (Bennett, 1831)

鲈形目 · 羊鱼科

黄带副绯鲤 *Parupeneus chrysopleuron* (Temminck et Schlegel, 1843)

无斑拟羊鱼 *Mulloidichthys vanicolensis* (Cuvier et Valenciennes, 1831)

真鲈科 Percichthyidae

深海拟野鲈 *Bathysphyraenops simplex* Parr, 1933

鲳状鱼科 Bembropidae

尾斑鲳状鱼 *Bembrops caudimacnla* Steindachner, 1876

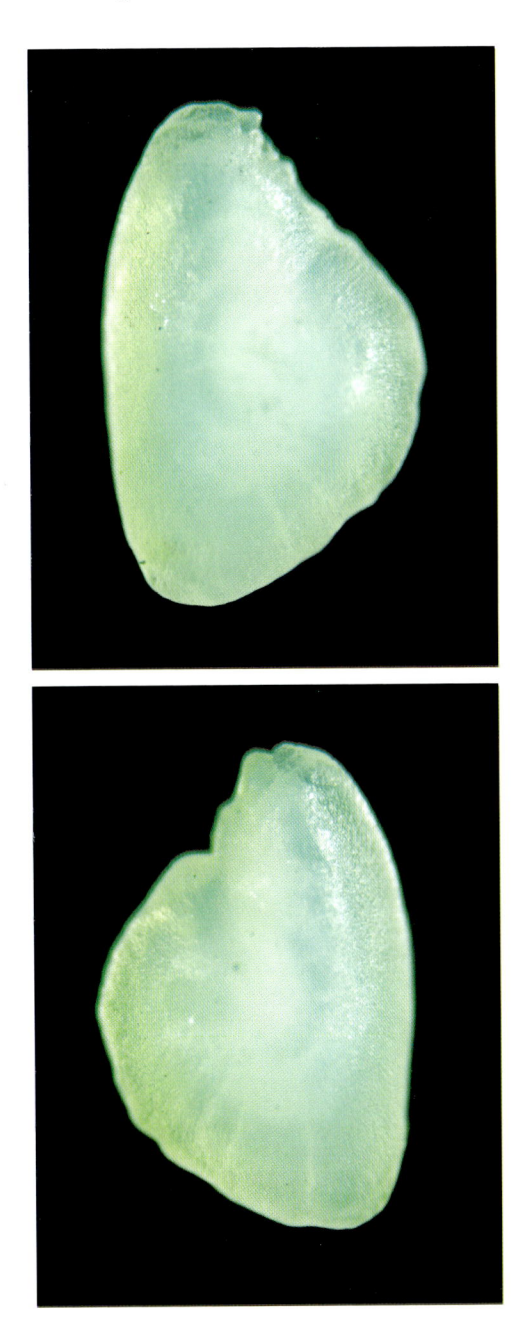

鲭鲈科 Scombrolabracidae

鲭鲈 *Scombrolabrax heterolepis* Roule, 1921

隆头鱼科 Labridae

纵带海猪鱼 *Halichoeres hartzfeldi* (Bleeker, 1852)

太平洋裸齿隆头鱼 *Decodon pacificus* (Kamohara, 1952)

鲈形目 · 隆头鱼科

纵纹锦鱼 *Thalassoma quinquevittatus* (Lay et Bennett, 1839)

鲈形目 · 隆头鱼科

单带尖唇鱼 *Oxycheilinus unifasciatus* (Streets, 1877)

鲈形目·隆头鱼科

东方尖唇鱼 *Oxycheilinus orientalis* Günther, 1862

鲈形目 · 隆头鱼科

双线尖唇鱼 *Oxycheilinus digramma* (Lacepède, 1801)

鲈形目·隆头鱼科

西里伯斯尖唇鱼 *Oxycheilinus celebicus* (Bleeker, 1853)

鲈形目·隆头鱼科

横带唇鱼 *Cheilinus fasciatus* Bloch, 1791

鲈形目·隆头鱼科

三带连鳍唇鱼 *Xyrichtys trivittatus* (Randall et Cornish, 2000)

鲈形目·隆头鱼科

露珠盔鱼 *Coris gaimard* (Quoy et Gaimard, 1824)

鹦嘴鱼科 Scaridae

青点鹦嘴鱼 *Scarus ghobban* Forsskål, 1775

刺尾鱼科 Acanthuridae

颊吻鼻鱼 *Naso lituratus* (Forster, 1801)

带鱼科 Trichiuridae

高鳍带鱼 *Trichiurus lepturus* Linnaeus, 1758

蛇鲭科 Gempylidae

短蛇鲭 *Rexea solandri* (Cuvier, 1832)

鲭科 Scombridae

鲔 *Euthynnus affinis* (Cantor, 1849)

鲈形目 · 鲭科

鲣 *Katsuwonus pelamis* (Linnaeus, 1758)

鲈形目·鲭科

扁舵鲣 *Auxis thazard* (Lacepède, 1800)

183

鲈形目·鲭科

圆舵鲣 *Auxis rochei* (Risso, 1810)

鲈形目 · 鲭科

黄鳍金枪鱼 *Thunnus albacares* (Bonnaterre, 1788)

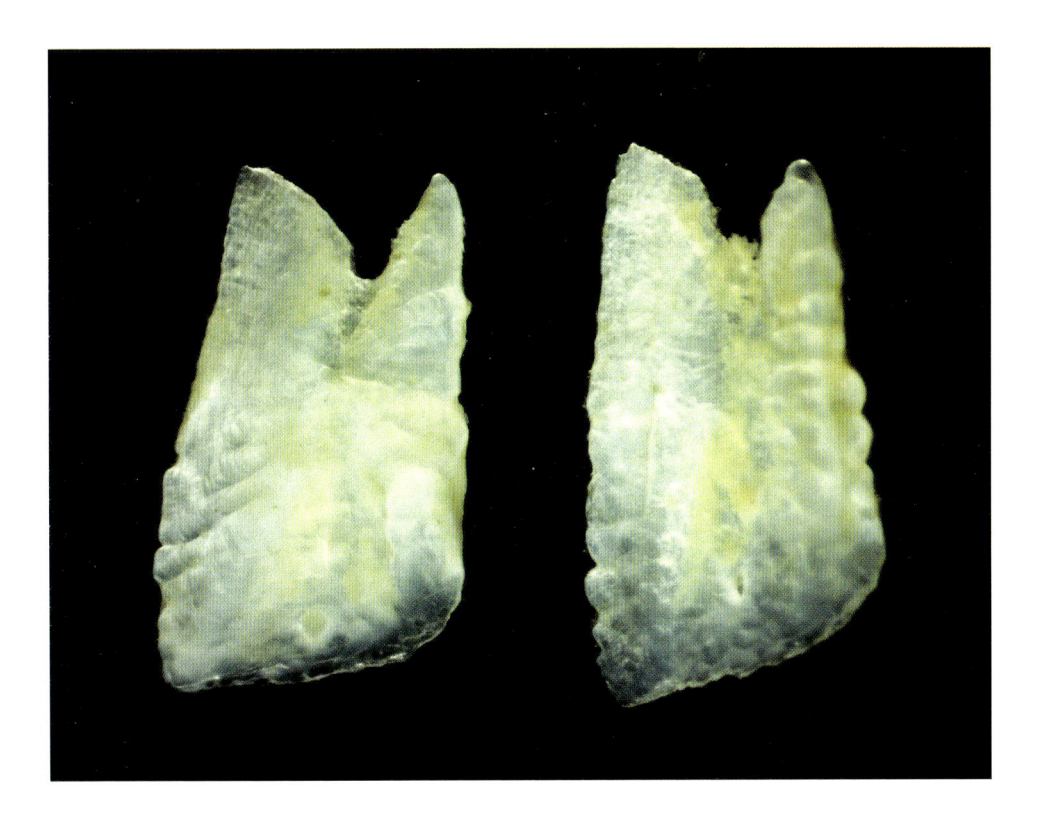

双鳍鲳科 Nomeidae

琉璃玉鲳 *Psenes cyanophrys* Valenciennes, 1833

鲈形目 · 双鳍鲳科

怀氏方头鲳 *Cubiceps whiteleggii* (Waite, 1894)

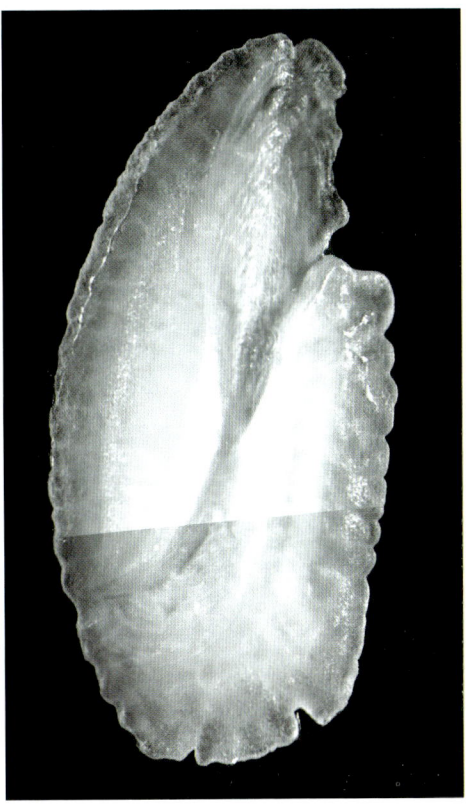

鲈形目·双鳍鲳科

少鳍方头鲳 *Cubiceps pauciradiatus* Günther, 1872

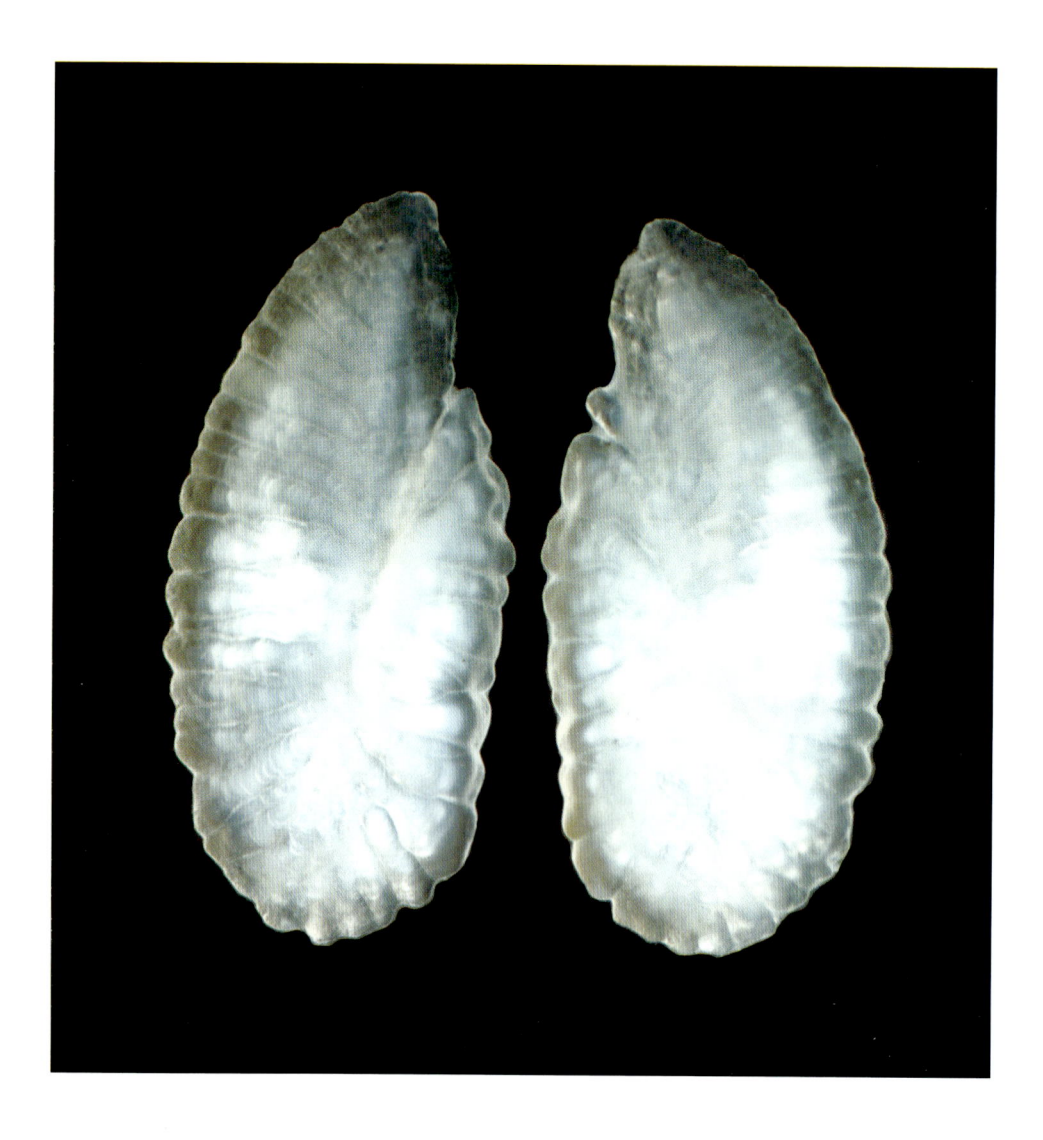

鲉形目 Scorpaeniformes

鲉科 Scorpaenidae

百瑙鳞头鲉 *Parascorpaena aurita* (Rüppell, 1838)

鲉形目·鲉科

新棘鲉 *Neomerinthe procurva* Chen, 1981

钝吻新棘鲉 *Neomerinthe rotunda* Chen, 1981

长臂囊头鲉 *Setarches longimanus* (Alcock et McGrichrist, 1894)

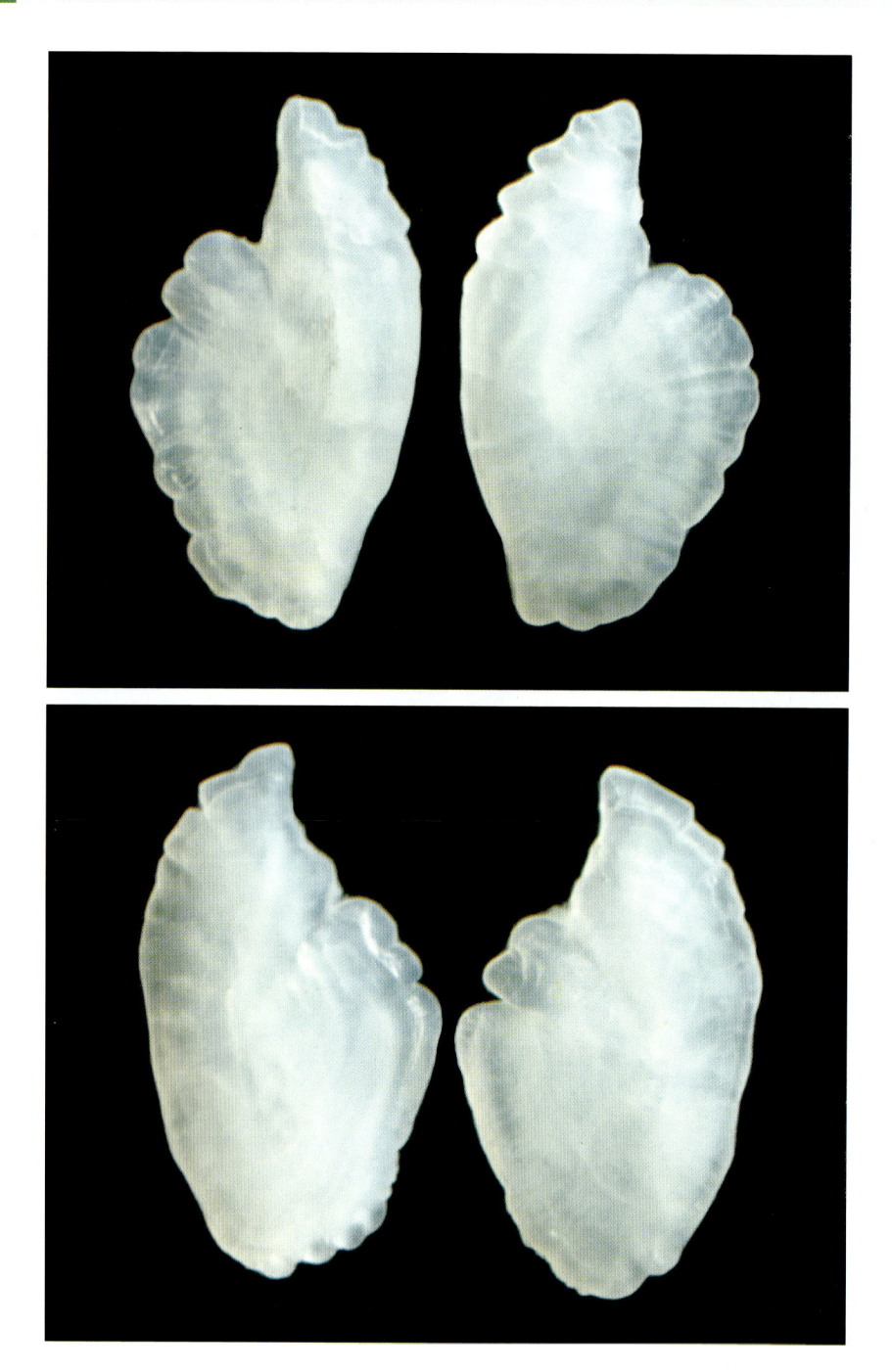

根室氏囊頭鮋 *Setarches guentheri* Johnson, 1862

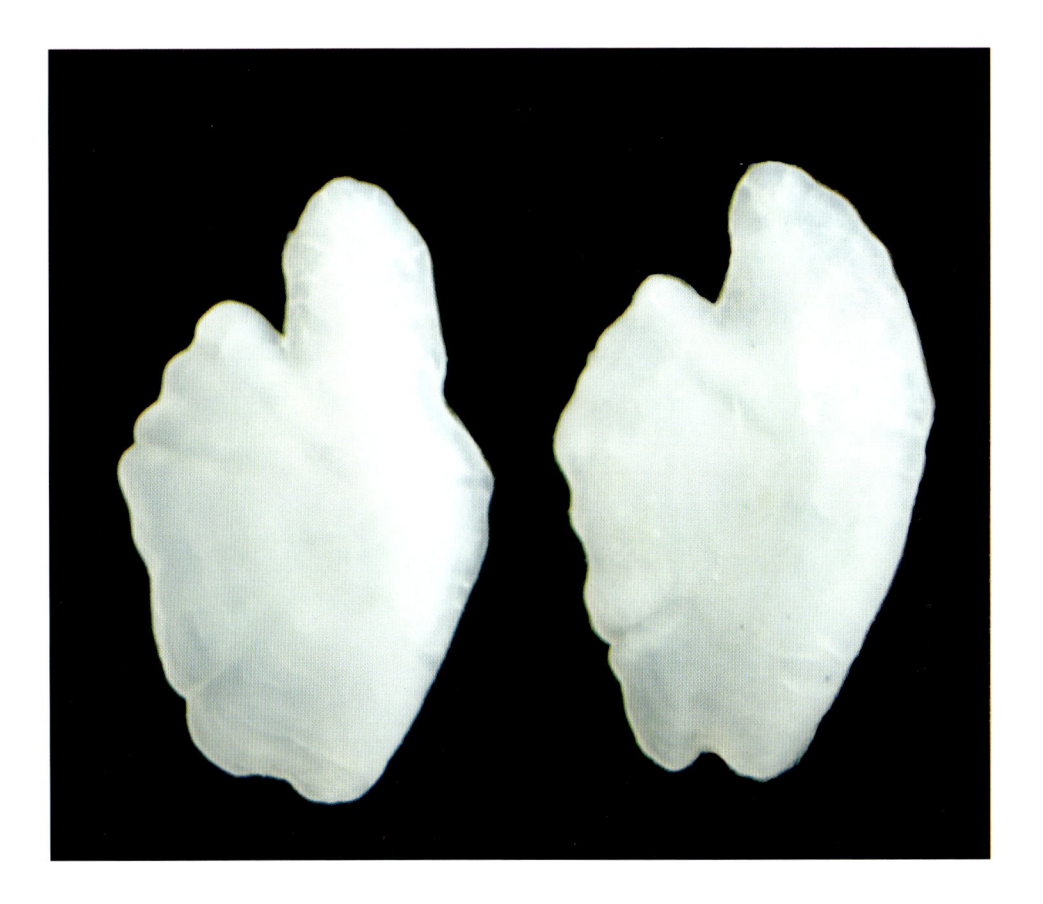

鲉形目·鲉科

布氏盆蓑鲉 *Ebosia bleekeri* (Döderlein, 1884)

鲉形目·鲉科

勒氏蓑鲉 *Pterois russelli* Benneu, 1831

触手冠海鲉 *Pontinus tentacularis* (Fowler, 1938)

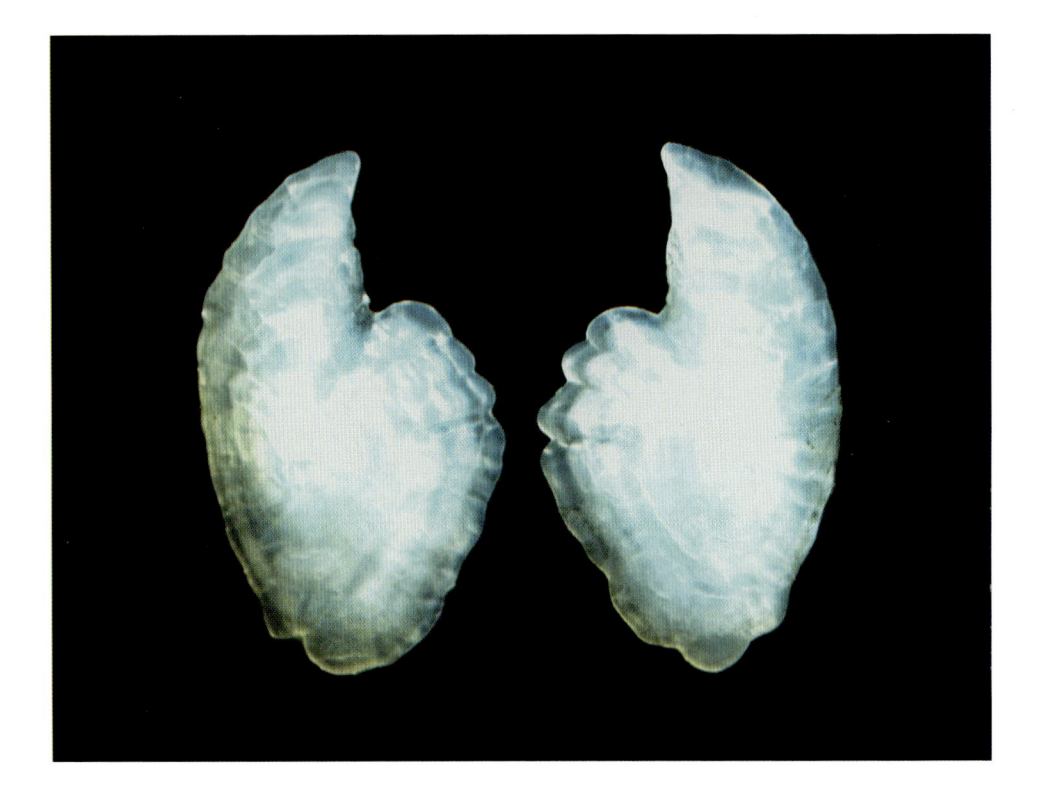

无鳔黑鲉 *Ectreposebastes imus* Garman, 1899

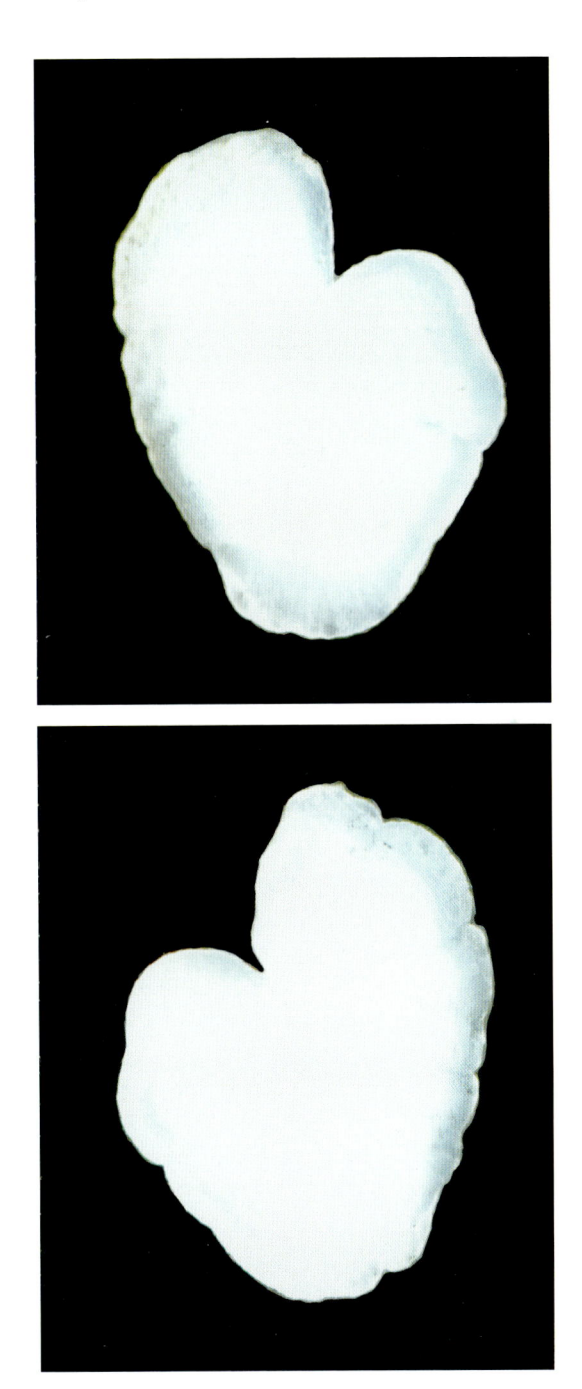

鲉科 Scorpaenidae

日本新鳞鲉 *Neocentropogon japonicus* Matsubara, 1943

红鲬科 Bembridae

红鲬 *Bembras japnicus* Cuvier, 1829

鲉科 Platycephalidae

大眼鲬 *Suggrundus meerdervoortii* (Bleeker, 1860)

鲂鮄科 Triglidae

貢氏红娘鱼 *Lepidotrigla guentheri* Hilgendorf, 1879

大眼红娘鱼 *Lepidotrigla oglina* Fowler, 1938

尖棘角鲂鮄 *Pterygotrigla hemisticta* (Temminck et Schlegel, 1843)

鲉形目・鲂鲱科

琉球角鲂鲱 *Pterygotrigla ryukyuensis* Matsubara et Hiyama, 1932

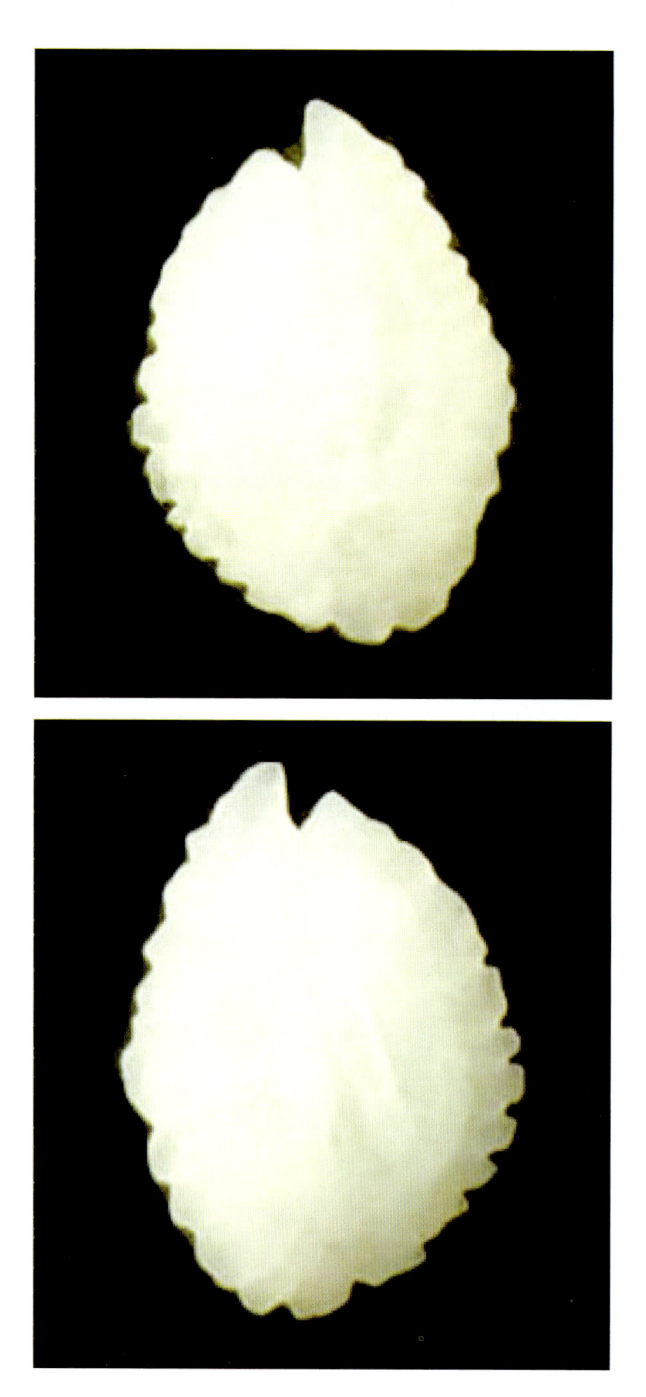

豹鲂鮄科 Dactylopteridae

单棘豹鲂鮄 *Dactyloptena peterseni* (Nyström, 1887)

鲽形目 Pleuronectiformes

鲆科 Bothidae

北原氏左鲆 *Laeops kitakarae* (Smith et Pope, 1906)

鲽形目·鲆科

■ 八斑土佐鲆 *Tosarhombus octoculatus* Amaoka, 1969

鰈科 Pleuronectidae

双斑瓦鰈 *Poecilopsetta plinthus* (Jordan et Starks, 1904)

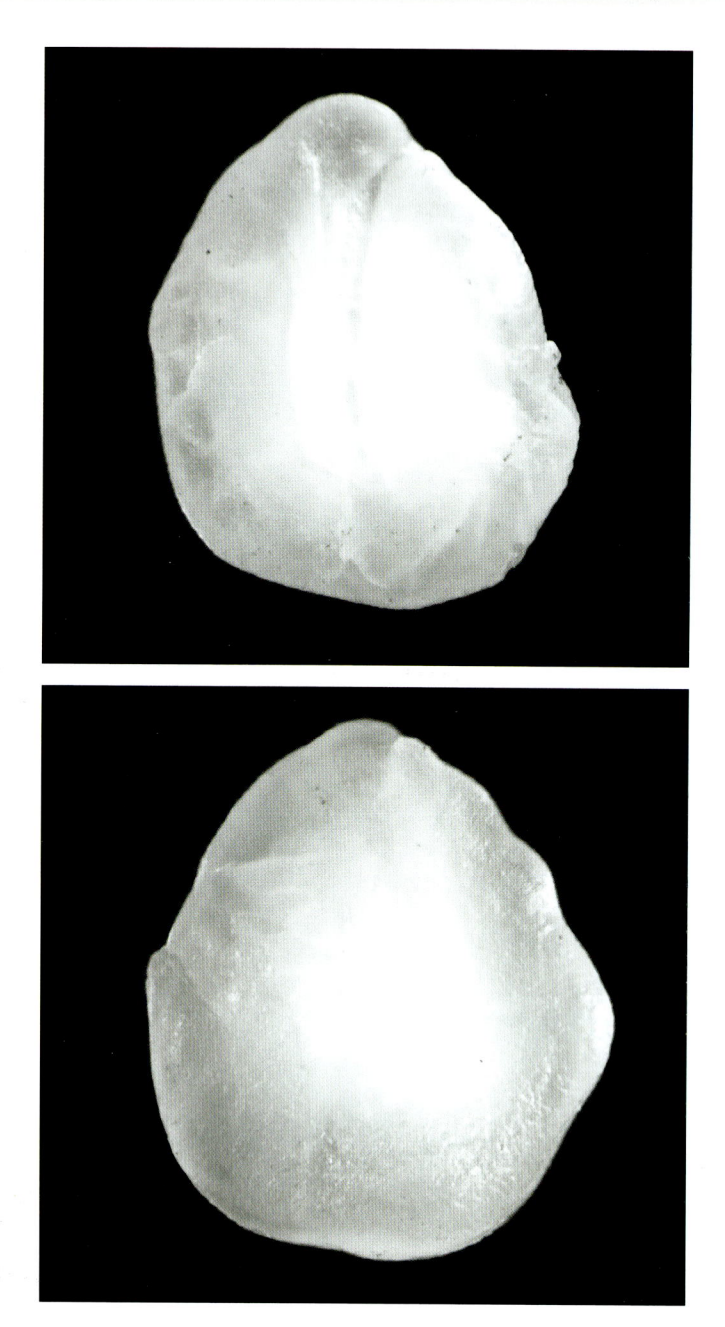

鰨科 Soleidae

褐斑栉鳞鰨 *Aseraggodes kobensis* (Steindachner, 1896)

鰈形目・鰨科

黑鰭舌鰨 *Cynoglossus nigropinnatus* Ochiai, 1963

鲀形目 Tetraodontiformes
鲀科 Tetraodontidae

暗鳍兔头鲀 *Lagocephalus gloveri* Abe et Tabeta, 1983

刺鲀科 Diodontidae

六斑刺鲀 *Diodon holocanthus* Linnaeus, 1758

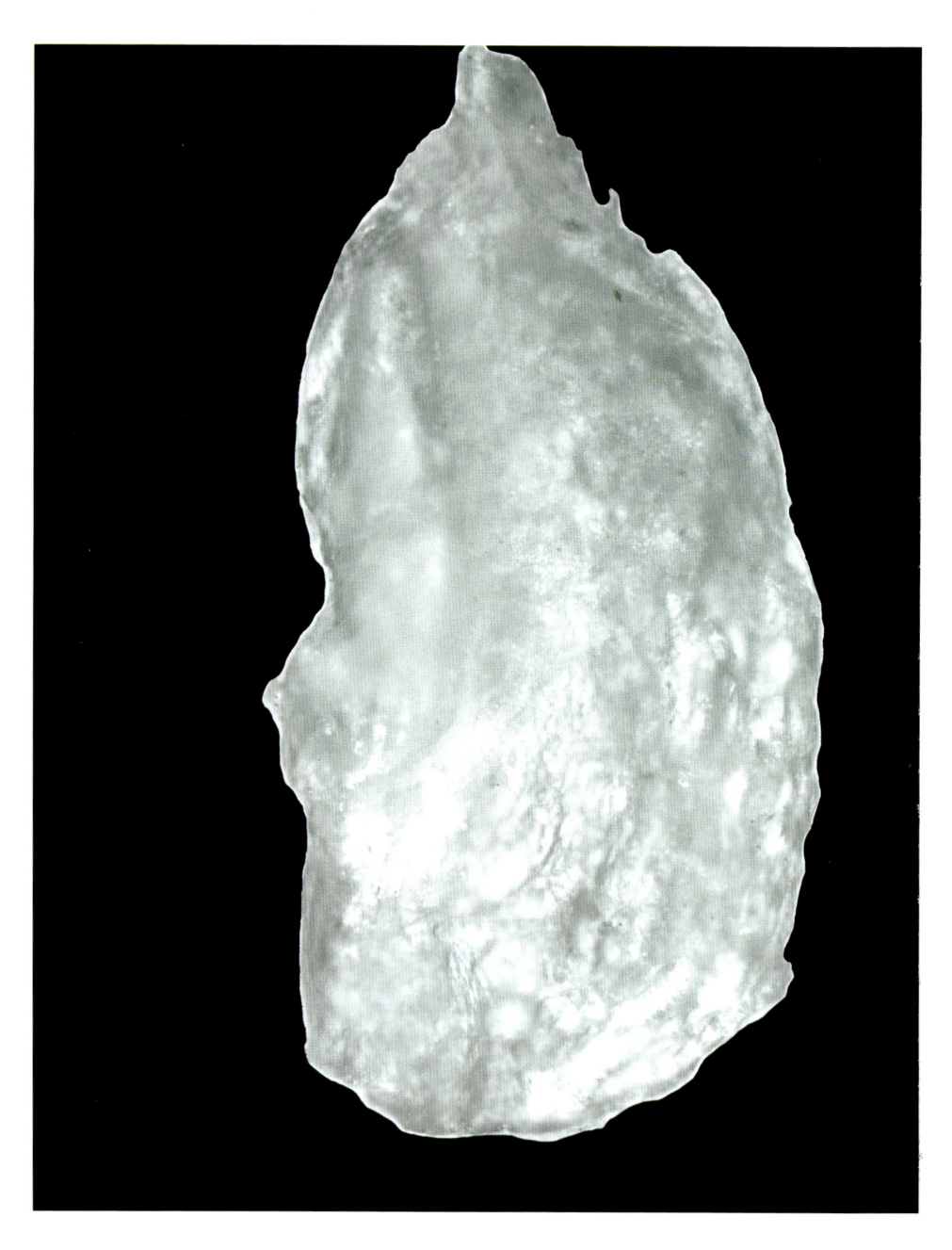

鲀形目·刺鲀科

■ 圆点圆刺鲀 *Cyclichthys orbicularis* (Bloch, 1785)

鮟鱇目 Lophiiformes
单棘躄鱼科 Chaunacidae

阿部氏单棘躄鱼 *Chaunax abei* Le Danois, 1978

鮟鱇科 Lophiidae

黑鮟鱇 *Lophiomus setigerus* (Vahl, 1797)

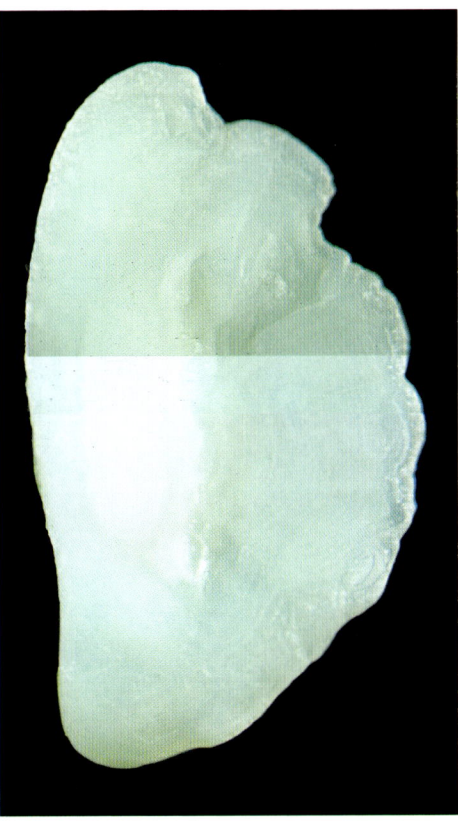

须角鮟鱇科 Linophrynidae

印度须角鮟鱇 *Linophryne indica* (Brauer, 1902)

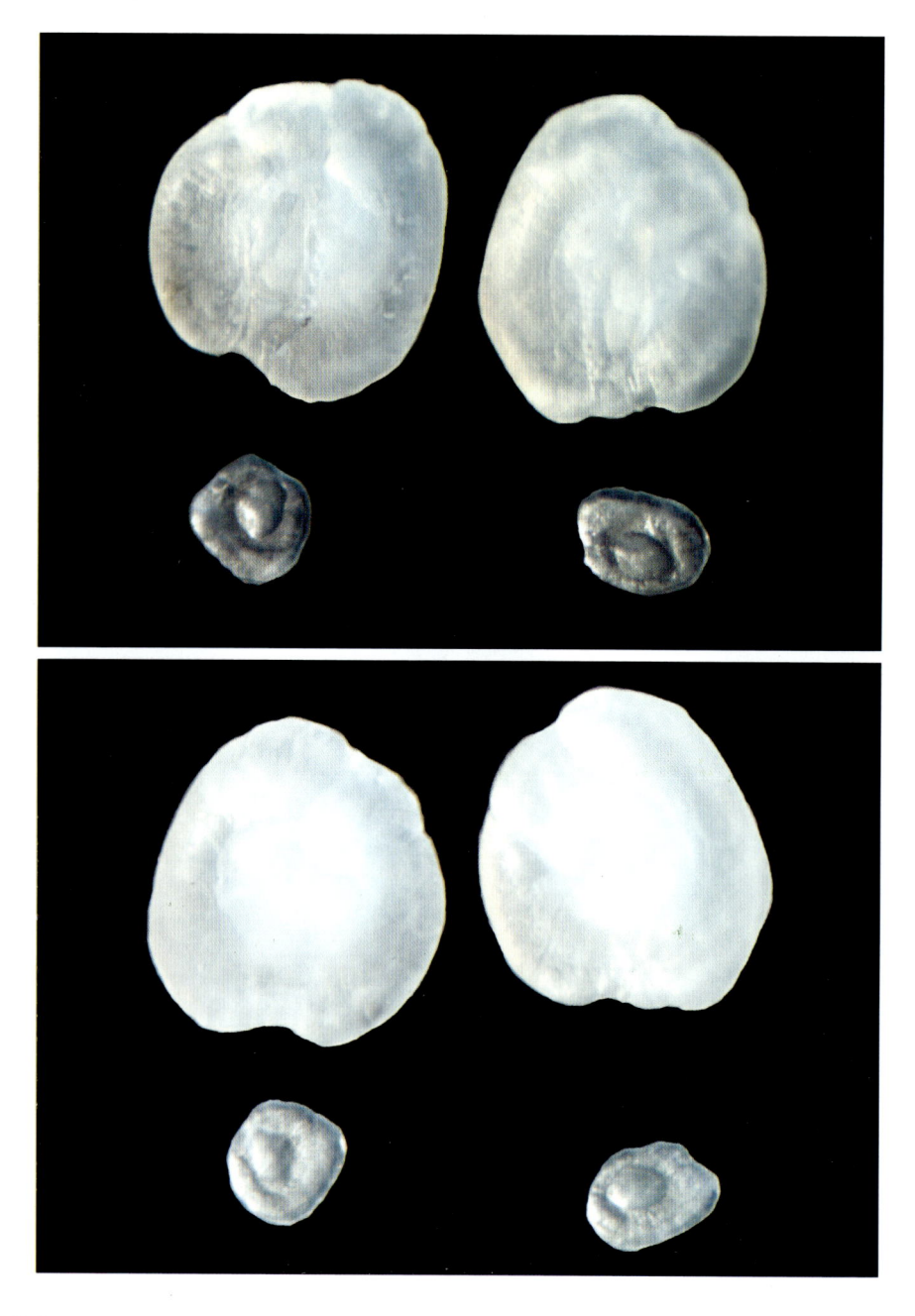

枪形目 Teuthoidea

武装乌贼科 Enoploteuthidae

多钩钩腕乌贼 *Abralia multihamata* Sasaki, 1929

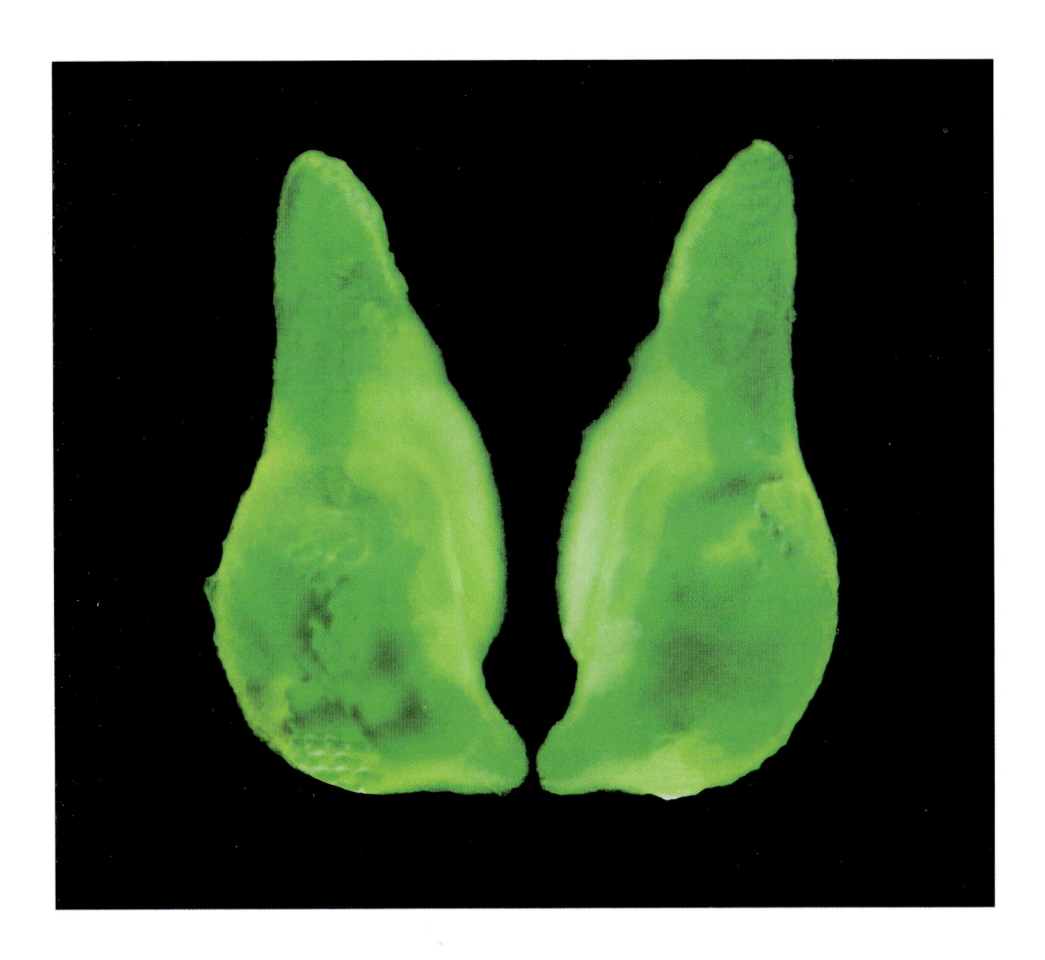

柔鱼科 Ommastrephidae

飞乌贼 *Ornithoteuthis volatilis* (Sasaki, 1915)

鸢乌贼 *Sthenoteuthis oualaniensis* (Lesson, 1830)

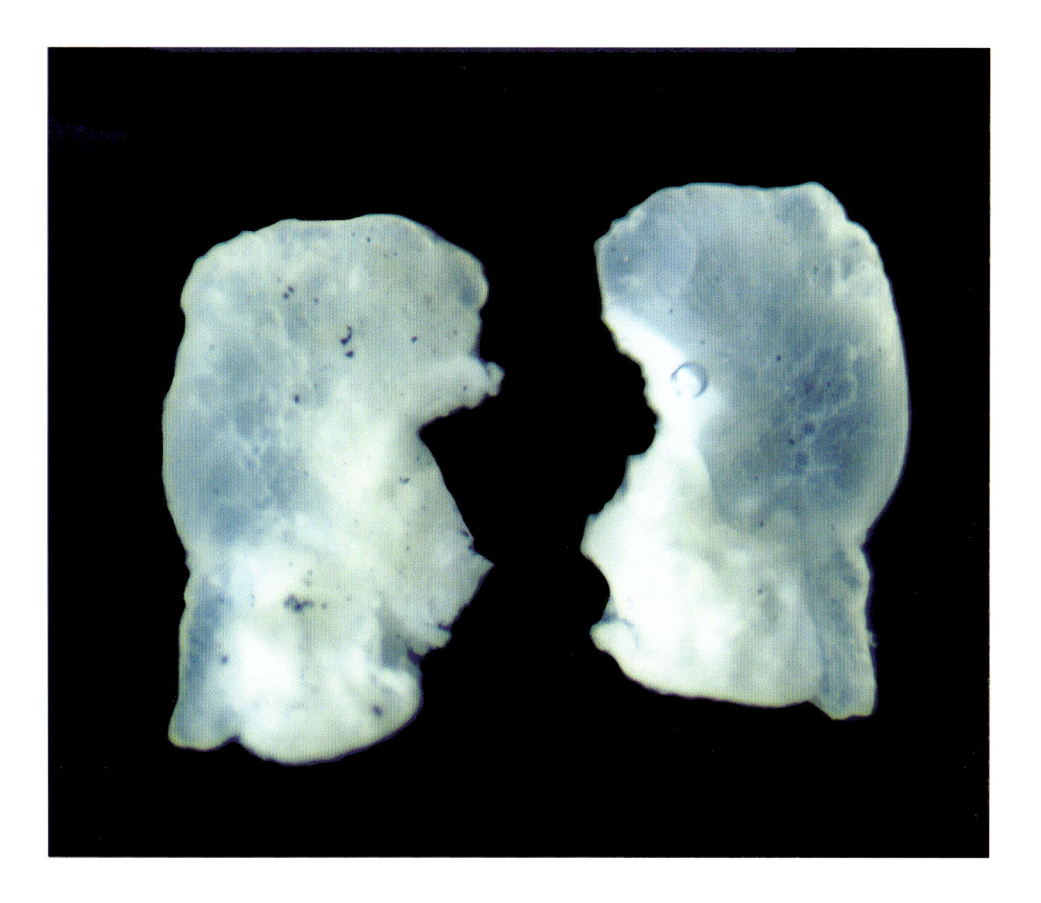

太平洋褶柔鱼 *Todarodes pacificus* Steenstrup, 1880

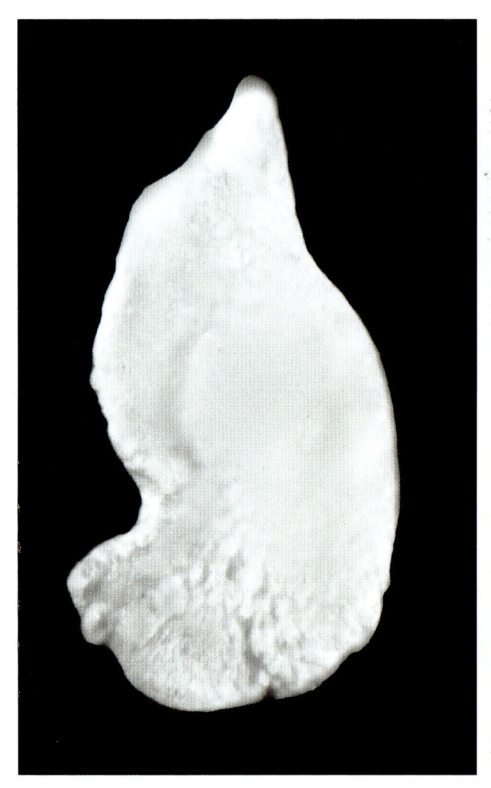

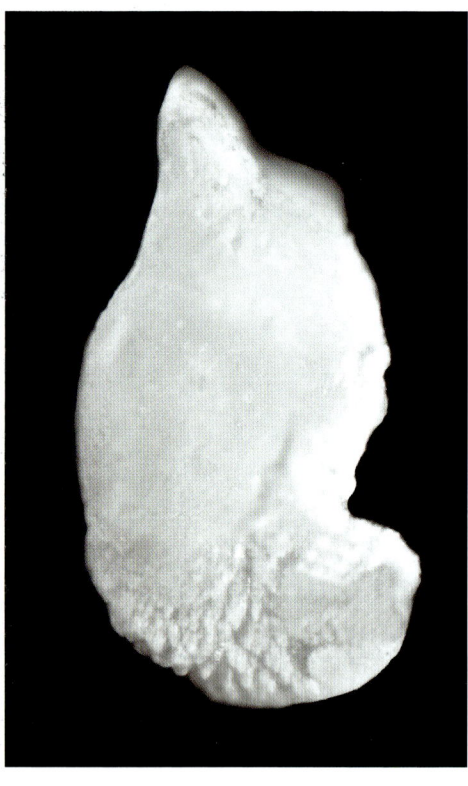

蛸乌贼科 Octopoteuthidae

蛸乌贼 *Octopoteuthis sicula* Rüppell, 1844

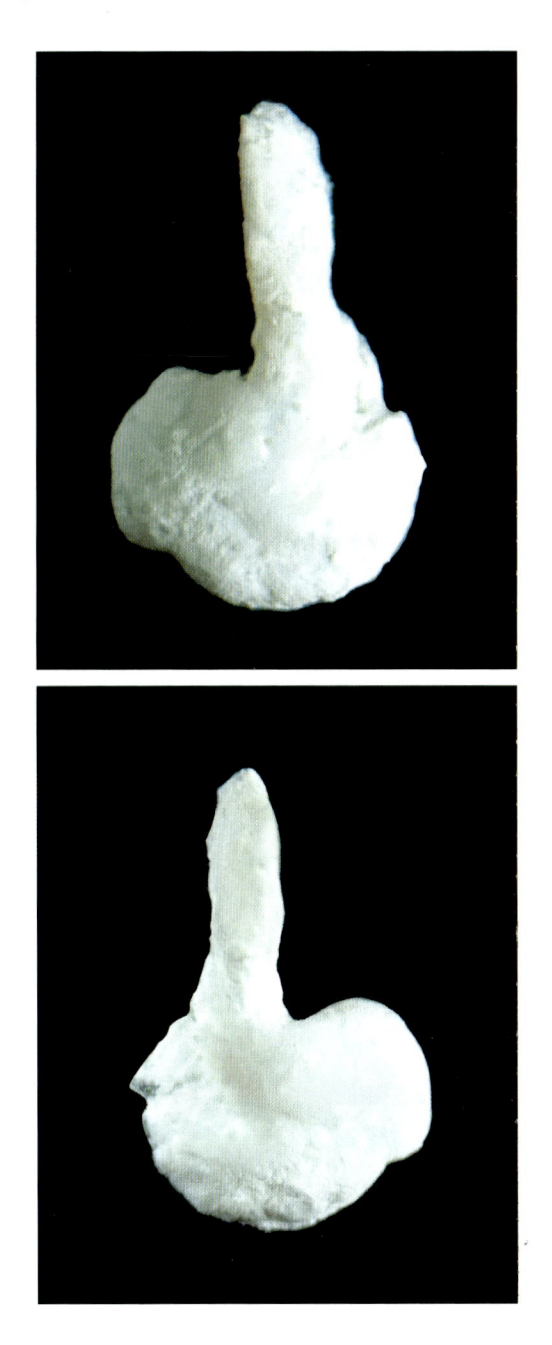

菱鳍乌贼科 Thysanoteuthis

菱鳍乌贼 *Thysanoteuthis rhombus* Troschel, 1857

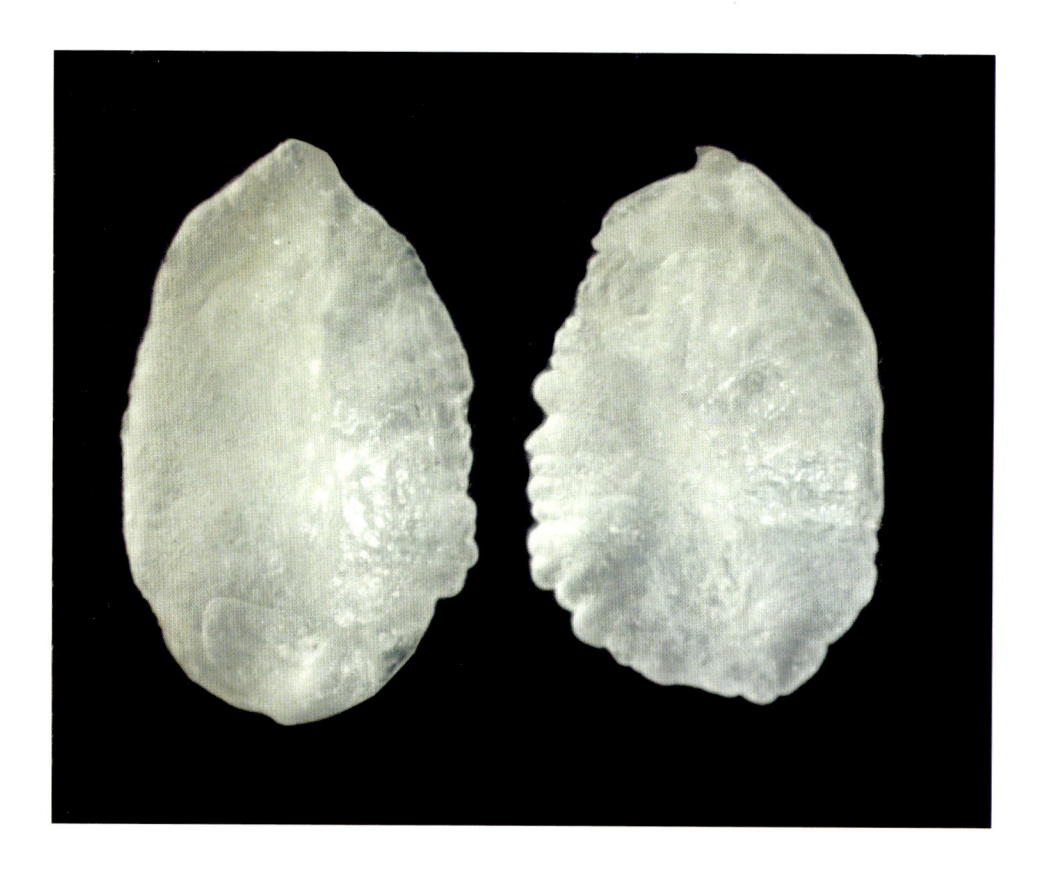

帆乌贼科 Histioteuthidae

太平洋帆乌贼 *Histioteuthis celetaria pacifica* (G. Voss, 1962)

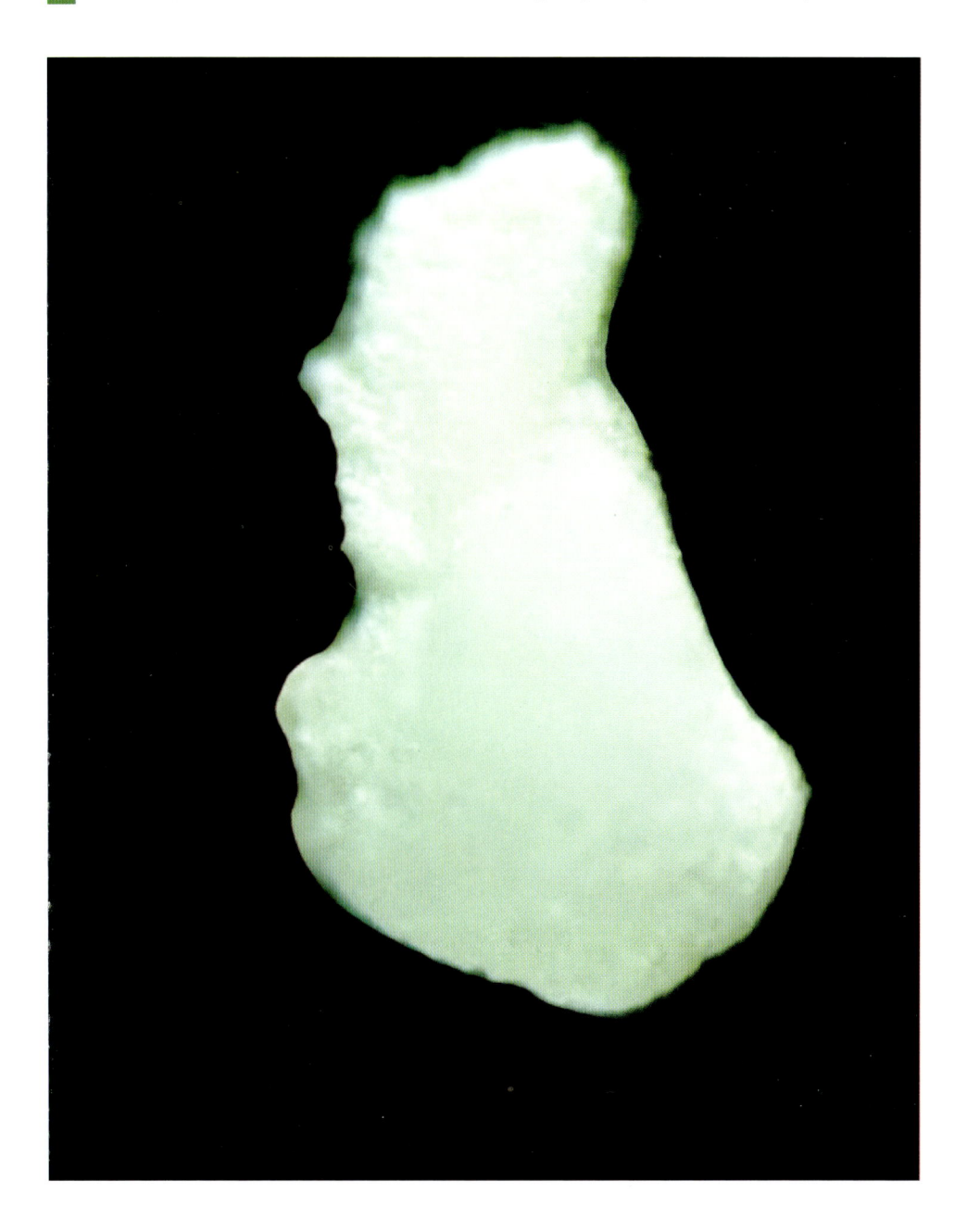